FUN學

Fun to share

四

老闆要我寫文案

快速交件不NG的文案懶人包

好評推薦

黑橋牌食品董事長　陳春利

不少人認為好的包裝設計，能為企業品牌加分，但單靠包裝是否真能反映出一個企業的內涵？對此，我持否定的態度。我反倒認為，文字才能將一個企業的內在價值與特性展露無遺。

前人揮汗耕耘，後人堅忍守成。文字雖然不能道盡經營之辛苦，卻可以穿越時空，讓人見證企業一路走來如何實踐其理念，完成對客戶，以及對自己的承諾。一個成功的文案，必須具備這種讓人感動數十載的功夫。

作者與黑橋牌食品合作多年，不僅用犀利且精準的文案為產品說話，同時也成功地傳達企業價值，讓我至今仍津津樂道。

本書，更是不才推薦給各位的文案實戰寶典，書中有許多精闢的見解與案例，如能細細咀嚼消化，必定受用無窮！

知名廣告導演／漫畫家　小莊（莊永新）

有些人以為文案能力是文采，其實並非如此，所有的功夫都需要練習，最好是能遇到好師父，幫你打通任督二脈，立刻增加一甲子功力，如果沒把握有這樣的好運，這本書是不錯的選擇。

大兼製作總監　胡治漢

在這個品牌企業極度重視消費者溝通的年代，如何將老王賣瓜的商品力與生硬的企業數據，用最簡單的方式讓消費者接納、吸收，並且認同，一直是所有行銷人員的挑戰。若能夠靠一句話打動消費者，誰想用上兩句，甚至是長篇大論？

若您正在找一本最佳文案工具書，請相信手上這一本，定能讓您的文案更美好！

樂木文化總編輯　劉兆媛

其實人生每個重要的時刻都需要文案，特別是在職場，從面試時撰寫履歷到專案簡報、產品企劃等等各個面向，都成為眾人對你的第一印象，常常需要榨乾最後一滴腦汁，想方設法證明自我存在的「價值」。這本書猶如高人親授的武功祕笈讓你修行後文案力晉升，輕易突破職場叢林，解圍你的賣命人生，為你的創意獲得一線生機！

自序

市面上有很多文案工具書，可是都太「專業」了，難懂，更難學。

我想帶給各位的是那種「翻開來，照抄一遍就能學得會」的文案訣竅。

尤其，當老闆要各位寫文案——「早上交代、下午就要」的時候，只要翻一翻這本《囧 老闆要我寫文案——快速交件不NG的文案懶人包》，大家都能「照樣造句」迅速寫出像樣的文案。

書名副標雖然寫著「懶人包」，不過，裡頭的內容一點也沒有偷懶。書裡的文案範例，大多取材於筆者任職廣告公司近20年時間裡，對內員工教育訓練所用的創意發想教材、親身實戰的作品案例，並加入對外開班授課編纂的講義重新編寫、揉合，可以說是八堂豐富且實用的紙上文案課。

對於新來乍到、沒有相關經驗的文案企劃人員來說，這是一本很好入門的參考工具書。就算在腦袋打結，想不出怎麼寫文案的時候，也可以把這本書拿來當範本臨摹甚至照抄，只要照著做，各位就會比別人快很多。

寫文案，不需要很厲害才能開始，但需要開始，才會變得很厲害。

非常感謝各位願意把這本書帶回家。

（噢，各位老闆，如果你要員工寫文案，記得買一本送給他。）

那口井

特別感謝

黑橋牌食品陳春利董事長、知名漫畫家小莊（莊永新）導演、奧美廣告陳智輝副創意總監、大兼製作胡治漢總監以及樂木文化劉兆媛總編輯，謝謝各位的義氣相挺，您們願意拿名望和聲譽為書掛名推薦，真的感動萬分，謝謝您們，讓這本書變得很厲害。

2 給產品一個響亮的名字

3 為活動主題精彩命名

4 用金句SLOGAN擦亮你的品牌

5 用廣告標題吸睛再吸金

6 用副標、內文讓人繼續看下去

7 讓電商文案提高產品銷售率

前言

為什麼要學文案？

案例 文字的力量

不知道各位有沒有在YouTube網站上看過「文字的力量」這支國外影片？

一個盲人大叔坐在廣場乞討，身旁立著一面紙板，上頭寫著：「我是盲人，請幫幫我。（I'M BLIND, PLEASE HELP.）」路上行人來來往往，可是願意掏錢出來給大叔的人卻少得可憐。

一名女子從旁經過，瞥見大叔身旁立著的紙板後，停下腳步、蹲下，拿出一枝筆，在那紙板上寫了幾個字後，隨即離去。

不可思議的事情發生了，經過的路人無不停下腳步，掏出零錢給大叔。

大叔正感納悶之際，那名女子返途來到大叔面前，大叔知道是那名女子，於是問她：「妳在我的紙板上寫了什

麼？」

女子回答：「我寫了一樣的事情，只是用了不一樣的字句。」

女子在紙板上寫著：

「這真是美好的一天，而我卻看不見。」（IT'S A BEAUTIFUL DAY AND I CAN'T SEE IT.）

「我是盲人，請幫幫我。（I'M BLIND, PLEASE HELP.）」是盲人想要傳達給路人的「訊息」或「訴求」（What to say）。這句話並沒有經過包裝，沒有經過轉化，它只是一句平淡無奇的「客觀」陳述。這樣的訊息難以引起路人的好奇與關注，自然也就難以打動人心，讓人掏出錢來。

女子寫下的字句就是經過策略思考所產生的「文案」。她改變盲人平鋪直敘的寫法，換成盲人的心情與感觸，以感性的口吻和語調，對那些容易感動的路人說話。「這真是美好的一天，而我卻看不見。」（IT'S A BEAUTIFUL DAY AND I CAN'T SEE IT.）這句話完整呈現盲人想要和路人溝通的精確訊息（我是盲人），也打開了路人的心房。

「I'M BLIND, PLEASE HELP.」只是「訊息」。

「IT'S A BEAUTIFUL DAY AND I **CAN'T** SEE IT.」才是「文案」。

女子改變了文字，也改變了結局。這就是文案的力量。

在全球進入網路時代的今日，資訊量暴增，若無法用一句文案打動人心，很難讓人駐足停留。廣告文案，不僅是網路時代與人溝通的基本配備，更是解開消費者心「防」的鑰匙。想要讓受眾對你、對品牌或對產品印象深刻，文案是重要關鍵。如果無法寫出精采的文案，再好的創意靈感，也無法精準表述；再好的品牌，也難以呈現出價值理念與文化深度。

然而，**會寫文字或作文，並不等於會寫文案**。

為什麼？因為，文案不只是和消費者溝通的**訊息**（Message），還是一把能解開消費者心鎖的**鑰匙**（Key）。

經過策略思考，寫出來的文案才能更**精準有效**地觸及**正確的受眾**，打動對方，引起共鳴，最後讓人心甘情願地把錢掏出來。就像一個能聚集人潮與錢潮的叫賣高手，他深諳心理學與行為學，懂得說什麼才會吸引人來，懂得怎麼形容商品才能把價值抬高，懂得怎麼喊價才能把產品迅速賣出。

對叫賣高手來說，沒有賣不出去的產品，只有不會賣的人。

簡單的說，文案就是：**要和消費者溝通的「訊息」，經包裝後，所呈現的「話術」**。

現在理解為什麼要學文案了嗎？**文案，是產品最棒的銷售員**。

> 文案，不能只是一句客觀陳述或訊息；採取感性訴求，娓娓說出內心渴望和感觸，更能打動消費者的心。

這本書叫作《囧 老闆要我寫文案》，就是希望各位能在短時間內學會寫文案。不過，不需要一口氣讀完一整本書，可以每天唸一章，消化了、吸收了，再繼續下一章。放輕鬆去讀它，去體驗有趣的廣告案例。等所有章節都理解了，就多練習。

就算腦袋打結，想不出怎麼寫文案時，也可以把這本書拿來當範本臨摹甚至照抄，相信這本書一定會對各位有很大的幫助。

現在，我們就來好好學習寫文案！

1

下筆前一定要想的5個W

先了解5W，讓文案下筆有依據

看過或讀過行銷學相關課程的朋友，一定都聽過「5W」的說法。要寫出既「精準」又能「勾動人心」的銷售文案，就要先了解這5個W：

- WHY：為什麼要說？
- WHOM：要對誰說？
- WHAT：要說什麼？
- WHEN：要在何時說？
- WHERE：要在哪裡說？

寫文案前，最好能像列清單那樣，將5W一條一條寫下，再進行文案的撰寫。在廣告公司，我們把這份清單叫做**策略單**，用意就是讓文案人員寫作時，能有清楚而且穩固的依據和方向。有了這份清單，寫文案時就不會偏離目標了。

WHY：為什麼要說？

WHY指的是**目的**。你準備要寫的廣告文案，想要達成的首要任務是什麼？你希望消費者看了文案後，會有什麼反應或行動？

很多人會想，廣告目的不就是「把東西賣出去」？對，也不對。

廣告最終目的當然是把產品銷售出去。不過，如果消費者還不認識「你的產品」，你要怎麼把東西賣出去呢？所以，這時候，你的「首要目的」是要**讓大家認識你的產品**。就好像自我介紹，你得先讓大家認識你叫什麼名字，讓人了解你有什麼特色，然後讓人覺得你很可靠、值得信任，之後人們才會願意和你做朋友。

先想一想，消費者對你的產品了解多少，再決定廣告目的。

你希望消費者：

- 認識你的產品，讓他記住你？
- 引發好奇，刺激他去購買？

・鼓勵他參加活動或試吃、試用？

・讓他回購繼續支持你？

・改變他牌支持者，轉而支持你？

・消費者對產品有疑慮，想增強消費的信心？

廣告目的不一樣，下筆的方向就會不一樣。

案例 不斷複誦產品名稱和功能，讓人看一次就記住的「鱷魚牌」系列

一家來自美國的居家DIY系列產品品牌「鱷魚牌」，為了讓泰國當地消費者能快速認識品牌，同時理解產品特色，製作了一支很有趣的廣告影片，發噱的劇情加上不斷複誦產品名稱和功能的旁白，讓觀眾看完廣告影片後，不僅哈哈大笑，印象深刻，更因此記住這個品牌。

我們來看一下這支廣告的旁白：

「房屋修繕問題難以解決？」

「滲水？」「用鱷魚牌防水漆。」

「漏水？」「用鱷魚牌止水黏土，能有效擋住水流。」

「很醜？」「用鱷魚牌油漆。」
「換磁磚？」「用鱷魚牌水泥，可以直接貼上。」
「不要縫隙？」「用鱷魚牌填縫劑。」
「地滑？」「用鱷魚牌止滑劑。」
「（老婆）愛生氣？」「用一隻鱷魚治愛生氣。」
「讓你居家生活變滿意，鱷魚牌系列，來自於美國。」

顯而易見，這支廣告的目的是：「讓消費者認識品牌系列產品，了解產品功能和特色。」

讓觀眾記住品牌名稱的表現手法很多，不斷提醒品牌名稱的**洗腦式廣告**，通常效果最好。

案例

土洋啤酒大對決，伍佰代言「台灣啤酒」：有「青」才敢大聲！

一九九八年，「台灣啤酒」面臨「麒麟」、「海尼根」及「美樂」等進口啤酒圍剿，

市場佔有率從約百分之八十四掉至約百分之六十一。當時從未拍攝廣告的「台灣啤酒」發現，消費者真正在意的是「新鮮的口感」，「台灣啤酒」既為當地品牌，又是全程在地生產，新鮮度當然比進口啤酒來得好。於是為了讓消費者認知「台灣啤酒」最「新鮮」，找來藝人伍佰擔任代言，訴求本土在地，提出「有青才敢大聲」的口號。

廣告推出後，果然引起共鳴，市場佔有率也迅速回升！

我們看一下廣告文案：

什麼是「青」？
有看到嗎？這就是「青」，台灣啤酒和我的音樂同樣「青」。
沒「青」不要講，有「青」才敢大聲！
台灣啤酒，上「青」！
台灣啤酒，讚！

「青」（新鮮）是訴求，整支廣告影片的目的就是：「讓消費者知道『台灣啤酒』才是最新鮮的啤酒。」

找出消費者心裡真正在意的**利益**或**問題**，再來決定廣告目的和文案方向。

WHOM：要對誰說？

「要對誰說？」要考慮兩種對象：

一、**使用產品的消費者**；

二、**實際購買的決策者**。

例如產品是刮鬍刀，使用者是男人，文案說話的對象就是男人；但如果產品是嬰兒奶粉，雖然產品是給孩子用的，不過，媽媽才是購買的決策者，因此，文案應該要寫給媽媽！

不管對誰說，都要用**對方能夠理解的字眼、口氣或調性**去寫。很多人在寫文案時，往往自己寫得很開心，看得很開心，卻忽略消費者是不是看得懂，或能不能認同。

為了避免文案人員寫文案時淪於「自說自話」，廣告公司行銷企劃人員會先將「目標對象」設定清楚，並具體地描繪出來，包括：性別、年齡、居住地、職業、教育、個性、年收入、學歷、嗜好、家庭成員、每天的行程、交通工具、網路環境、感興趣的事、目前的煩惱或議題、使用產品的動機或購買的原因、在意產品哪個部分、什麼原因足以打動他

們決定購買或者什麼樣的人能影響他們決定購買……

文案人員腦中浮現**清晰而且明確的說話對象**後，才能用對方能夠理解的字眼、口氣或調性，和對方說話，寫出對方感興趣的有效文案。

使用產品的消費者

案例

「好自在」衛生棉善用年輕流行語，緊緊抓住青春期學子的目光

幾年前，「好自在」衛生棉為搶攻年輕學子市場，特意推出一系列平面廣告，並以當時流行的「白痴造句法」當作文案主軸，透過女學生寫日記般的自述方式，說出她對「好自在」衛生棉的看法：

要刻薄——棉片**「要」「刻」**意很**「薄」**。

「薄又吸水的ㄇㄧㄢˊ片！我覺得小花電視看太多了，她今天還學廣告剪信封，把瞬捷吸收層、吸水珠珠快速鎖水的神蹟ㄒㄧㄢˇ相給大家

看，God！萬一她發現我用好自在，一定會逼我寫信，我、我、我……頭好痛喔！」——棉片最薄，保護最多，好自在衛生棉。

以衛生棉來說，「要對誰說」的對象是「使用產品的消費者」。雖然目標對象都是女生，不過，從青春期到更年期之間，年齡層相當廣泛，因此，對不同年齡層的女人說話，口氣和用字就要有所不同。

「好自在」衛生棉以輕鬆、Kuso、搞笑的口氣和用字，不僅成功地吸引青春期學子的注意，成為當年最新的流行話題，也讓品牌好感度提升不少。

不管銷售對象是誰，都要用對方聽得懂的字眼、口氣來寫文案，讓他們覺得：你和他們是**同一「掛」**的。

實際購買的決策者

除了「使用產品的消費者」，也要考慮「實際購買的決策者」，或是能影響購買決策的人。

像是「鑽石」或「戒指」，使用對象多半是女人，但是文案可以針對女人說話，也可以針對男人說話。對女人說話，理所當然；可是能讓男人看了文案而心動去購買產品來表達愛意，也會為產品帶來意想不到的效果喔！

說話對象和使用對象不一致的廣告產品，最常見的就是兒童用品或食品了。

案例

「桂格」成長奶粉電視廣告，對媽媽說話

媽媽：「啊，便便了！」

旁白：「寶寶便便好，就是腸道健康。便便硬硬……不行！便便稀爛……不行！便便成型……漂亮！腸道健康需要好菌，桂格成長奶粉，營養均衡完整，還有ＡＢＣ健康三益菌，18天好菌增加100倍，獲得國家認證。」

媽媽：「換奶第一選擇，我選桂格成長奶粉。」

很多消費者在看產品廣告時沒有反應，很有可能的原因是：他不是這個產品的使用者或購買者；但也很可能是：廣告文案說話的方式或語氣不對，讓消費者以為不是對他說話。

嬰幼兒產品的使用者雖然是小孩，但是文案卻要對父母說話，因為父母才是真正的決策者，也是實際購買產品的人。

請務必記得：**對誰說話，就用適合誰的語氣**，這樣才能打動文案的說話對象。

WHAT：要說什麼？

WHAT主要指要讓消費者認識的產品特色，是5W裡最重要的一個，可說是文案最關鍵的一環。

在寫文案前，先把產品特點全都列在一張紙上。然後仔細想想：

- 你想讓消費者知道哪些特點？
- 哪些特點會是消費者真正在意的**利益點**？
- 如果特點很多，哪個最重要？

最後請依「重要程度」，排出這些特點的順序。

如果可以，文案標題最好**一次只傳達一個重要訊息**。一口氣給消費者過多訊息，不但難聚焦，消費者也消化不了，最後反而一個也記不住。

案例

「波蜜」果菜汁訴求「青菜底加啦」，掀起「老外」攝取蔬果風潮

二〇〇一年台北世界盃棒球賽後，當時的選手張誌家紅透半邊天，「波蜜」果菜汁趁勢找來張誌家代言廣告。這則電視廣告文案是這樣寫的：

三餐老是在外，人人叫我老外，
老外、老外、老外，老外、老外、老外，
外燴、外賣、外送、外帶，但是……你有吃蔬菜嗎？
青菜底加啦！

老是在外，老神在在，均衡一下，照顧國民健康——波蜜果菜汁。

明確的健康訴求，加上朗朗上口的文案：「三餐老是在外，人人叫我老外」，提醒三餐老是在外的外食族「攝取蔬果」的重要性，不但成功引起一陣「老外」風潮，連帶地「波蜜」果菜汁的銷量也因此成長三成。

這則廣告成功的地方，在於它想傳達的「WHAT」（訊息或特色），也就是「青菜底加啦」（青菜在這裡），訊息單一而明確，讓人一下子就記住了。

請記住，**焦點愈集中、訊息愈單一**，消費者就愈容易記得。

大多數產品廣告，總急著想要一口氣把所有產品特色都讓消費者知道，但往往給消費者的訊息愈多，就愈沒有焦點。可是如果產品有很多「WHAT」，而且每個都很重要，那

該怎麼辦呢？最簡單的方法，就是一次只挑一個重點，分開來說。

案例 **紐西蘭奇異果所含的營養成分，是其他水果的好幾倍**

這個系列共有三則廣告，一則廣告只訴求一個「WHAT」，標題分別如下：

- 嘿！嘿！嘿！我的維他命C是蘋果的17倍
- 哈！哈！哈！我的纖維質是葡萄柚的2.6倍
- 嘻！嘻！嘻！我的鈣質是香蕉的4倍

這種以「數字」為訴求的訊息，若是一口氣寫出全部數字，消費者根本無法記住。訊息愈多的廣告，愈容易模糊焦點，效果當然也跟著大打折扣。紐西蘭奇異果這系列廣告不急著一口氣把所有特點介紹完畢，反而採用**系列稿**型式，分成三張平面廣告，每則廣告只講一個重點，效果不但出奇明顯，令人印象深刻，銷量也因此節節上升。

一次只訴求一個數字，才是真正的高招。

WHEN：要在何時說？

當你確認好目標對象（WHOM：要對誰說），也找出目標對象最在意的產品特色或訊息（WHAT：要說什麼）之後，接下來，你必須想想「要在何時說」（WHEN），才不至於錯過宣傳時機，或者白白浪費廣告資源。

你可以考慮幾個重點：

- **消費者是否一年四季都在購買你的商品？**
- **他們平常都在哪個時間「使用」你的商品？**
- **消費者通常都在哪個時間或時段「購買」你的商品？**
- **會不會選在特別的日子購買？例如節日或紀念日？**

就像水果在四季不同時節盛產一樣，大部分的產品都有分旺季、淡季。一般產品都會選擇在旺季宣傳，通常這樣的安排多會獲得不錯的效益和銷售成績。

以「蘋果」iPhone手機為例，每年九月發表新機後，就會在銷售旺季前——也就是**聖誕節到過年期間**，展開廣告宣傳。事實證明，這段期間正是人們最想換新手機的旺季，而

在此時上市宣傳，正好滿足人們的需求，因此很容易提升銷售業績。

從這個例子來看，替產品找出「最佳時間點」（WHEN：要在何時說）再做宣傳，的確有其必要性。

除了旺季是必然的宣傳時間，也有不少產品「逆向思考」，選擇淡季大肆宣傳。最常見的手法，就是**在生意清淡時推出折扣優惠**，藉此拉抬業績。

案例 低價策略消耗前兩代iPhone庫存，台灣業績逆勢成長百分之二十

以二〇一七年iPhone銷售為例，四月至六月向來是換機潮前的淡季，加上當年iPhone問世十周年，許多消費者為等待傳說中的夢幻新機「iPhone X」上市，而暫停換機。

「蘋果」此時卻以前所未有的折扣，提供iPhone 6、iPhone 6S / 6S Plus給電信業者做促銷，台灣某電信業者因此推出「史上最低價」活動，出清舊款手機。「蘋果」大手筆的清庫存活動，讓第二季iPhone全球銷售量較去年同期成長百分之二，台灣的業績更是逆勢成長百分之二十，成為「蘋果」執行長庫克在法人說明會強調的亮點。

舊款手機低價促銷、出清庫存是商場常規，但時機點通常是在新機推出後。「蘋

果」iPhone卻出奇招，在新機推出前，以超低優惠促銷舊機，大舉出清庫存，使銷量在淡季也不淡，實屬高招！

除了在淡季出奇招採取低價策略外，也有業者因為產品沒有明顯的淡、旺季區分，而改以**不同時機或節慶**推出宣傳，藉此強化品牌好感度或提升銷售量。

案例 **汽車的夏季促銷活動**

- 有涼伴，盛夏暢遊去，LUXGEN FOYU 夏日健檢（納智捷汽車）
- 夏雨不怕，NISSAN夏季・雨季免費健檢（裕隆日產汽車）
- 車主回「涼」家，Jeep.夏日冷氣健診（台灣克萊斯勒）

上述這些汽車廠商，針對特定時節舉辦特定活動，很多時候並非只為了刺激銷售，而是在於**品牌的維繫與售後服務**。畢竟**促銷活動只是一時的，品牌經營才是永久的！**

「要在何時說」（WHEN）才是最好的時機？這個問題並沒有標準答案。其實，只要有**突出的宣傳計畫**，任何時間點或時段，都可能成為最佳的銷售時機。

案例 中國「阿里巴巴」發起的「雙十一購物狂歡節」

十一月十一日，原是九〇年代末期中國年輕單身男女為了脫離光棍狀態而舉辦交友聚會活動的日子，稱作光棍節，也叫雙十一節。二〇〇九年，中國電商「阿里巴巴」**利用光棍節的概念**，於十一月十一日推出商品折扣活動，藉此刺激銷售。從此以後，每年的十一月十一日便成為全球最大的促銷日，各家實體零售業者、電商業者紛紛在這天推出商品折扣，消費者也趁著這天進行大採購。

二〇一七年雙十一的促銷活動，為「阿里巴巴」寫下一千六百八十二億人民幣的新高紀錄，連帶影響台灣市場，為「富邦媒體科技」、「雅虎奇摩」等各大電商平台，創造顯著成長的銷售佳績。

雙十一為什麼成功？因為「阿里巴巴」發現，十一月季節變化快，加上過年將近，民眾要買的東西特別多，但這個月卻沒有很多大的節日。於是「阿里巴巴」集團決

定「造節」，給活動一個盛大的名目。雙十一不僅成功創造話題，吸引人氣，也讓光棍男女得以透過購物滿足心理需求。

WHERE：要在哪裡說？

廣告要在哪裡露出，才能讓消費者接收到訊息？

在媒體盛行、交通便捷的年代，文案已經無所不在。從一早起床開始滑手機或聽廣播，看到、聽到的都可能是文案；出門後，搭乘的交通工具、沿路風光、建物、看板也都有文案的蹤跡；中午用餐，餐廳看板、便利商店海報、陳列架一樣布滿文案；下班路上進賣場、逛百貨，回家看電視、上網買東西到睡前玩手機，廣告文案一直在身邊。

換言之，**你說話的對象在哪裡，文案就必須跟到哪裡**。

回到前面談過的5W之一「WHOM：要對誰說」，想一想這個目標對象，他的生活型態，他的一日作息是怎樣？例如：

- **他們習慣看電視、聽廣播、讀報紙、翻雜誌、上網路還是滑手機？**
- **他們經常出沒的地點在哪裡？**
- **他們通常搭乘什麼樣的交通工具？**
- **他們最常去哪裡買東西？量販店？超商？還是網站訂購？**

不管是電視、廣播、報紙、雜誌、網站、手機、交通工具、賣場、超商、甚至戶外看板、公車候車亭、捷運燈箱、DM傳單……都是消費者會接觸到的**媒體平台**。這些媒體平台就是文案發聲的管道，不同媒體有不同特性，因此必須使用不同說話技巧（標題寫法），就像「兵器」一樣，不同兵器有不同使用手法。能掌握的手法愈多，就愈能致勝。

以下整理了一張表格，記錄了一般上班族的一日生活型態。各位也可以試著找出自己的產品要說話的對象「WHOM」的一日生活習性，然後找出目標對象可能接觸的廣告形式，這樣就能「有效」而「精準」地將產品訊息傳達給預設的目標對象。

針對上班族一日生活的廣告形式

時段	生活形態	可能接觸的廣告形式
07:00-08:30	起床 搭車上班	廣播、手機、電視新聞、公車（站牌）、捷運（燈箱）、計程車（門）、戶外看板等
08:30-09:00	早餐	報紙、雜誌、電視、超商（店頭POP、海報、靜電貼、插卡、商品包裝）、手機等
09:00-12:00	上班時間	報紙、雜誌、廣播、網路、手機、企業標語、販賣機等
12:00-13:30	中午休息	海報、雜誌、電視、同事八卦（口碑傳播）、手機、路邊傳單、超商（店頭POP、海報、靜電貼、插卡、商品包裝）、戶外看板、手機等
13:30-18:00	上班時間	報紙、雜誌、廣播、網路、手機、企業標語、販賣機等
18:00-19:30	下班路上	公車（站牌）、捷運（燈箱）、計程車（門）、戶外看板、手機、路邊傳單等
19:30-23:00	回家以後	電視、雜誌、網路、信箱裡的郵件DM、買回家的產品包裝、紙袋、手機等

案例 「泳池車廂」逼真吸睛，「世大運」彩繪列車登上CNN國際版面

二〇一七年，台北市政府主辦「世界大學運動會」，為能讓更多台北市民共襄盛舉，**選擇最多市民搭乘的「台北捷運」作為主力宣傳管道**，在車廂內部繪製六大運動主題：籃球場、棒球場、足球場、游泳池、田徑跑道和標槍投擲場，逼真程度看起來就像在泳池水上或在田徑場上。

強烈的視覺表現讓乘客開始紛紛在社群發文，彩繪列車還因此登上CNN國際版面。大量曝光與延燒效應，讓原本冷漠的台北市民不但感到驕傲，同時喊響口號：「我的主場，我的榮耀」，而使原本冷門的世界大學運動會轉為全民關注的國家賽事。

只要**創意夠新穎，文案夠犀利**，即使預算不多，一樣可以成為眾人注目的焦點。

認真思考5W，文案才有依據和方向

5W是行銷企劃必做的功課，是撰寫「創意策略單」（Creative Brief）的重要依據。文案人員根據「策略單」，再去發想文案和視覺，才不至於偏離訴求和方向，也才不會讓產品賣錯重點、賣錯對象，甚至浪費廣告預算！

「廣告創意策略單」有幾個要點：

- **廣告目的**就是「WHY：為什麼要說？」
- **溝通對象**就是「WHOM：要對誰說？」
- **廣告核心**就是「WHAT：要說什麼？」
- **廣告期間**就是「WHEN：要在何時說？」
- **工作項目**和「WHERE：要在哪裡說？」有關。
- **廣告主張**主要是指「SLOGAN」廣告口號，在後面的章節會為大家詳細說明。

「蜜妮」深層卸妝棉的「廣告策略單」

客戶：花王　　商品：「蜜妮」深層卸妝棉　　工作卡號：　　日期：

工作項目：□電視廣告　□雜誌　□廣播　□DM　□網路廣告　□其他

產品背景	·「蜜妮」推出後一度呈現寡佔市場（75%），主要競品「嬌生」、「旁氏」、「歐蕾」加入後造成市場競爭激烈。 ·消費者選用卸妝棉的原因主要為「方便」，對卸妝用品最重視的是「徹底卸妝」（54%）。 ·「蜜妮」卸妝棉的卸妝力經測試優於競品，主要是因為含有豐富、獨特的卸妝液，且溫和不傷肌膚。
行銷目標	鞏固「蜜妮」卸妝棉在卸妝棉類市場佔有率50%。
廣告目的	利用廣告強化「蜜妮」產品功能與競品區隔，增強消費者持續使用的信心，防止品牌轉移。
溝通對象	·15-34歲年輕女性，有使用粉底及彩妝習慣的學生或上班族。 ·重視自身肌膚保養，喜好便利的卸妝棉型態。 ·「蜜妮」卸妝棉現有使用者，以及曾使用但轉換品牌者。
廣告期間	2、3、5月。
溝通對象目前在商品使用上的認知與行為	用過許多卸妝用品，還是覺得卸妝棉最方便，而且卸妝效果也不錯，其中「蜜妮」真的卸得比較乾淨。可是現在市面上有很多他牌新品，不知道要不要試試看？
溝通對象於廣告後在商品使用上的認知與行為	原來「蜜妮」含有獨特卸妝液，而且卸妝液含量似乎比他牌卸妝棉還多，卸妝力好像也比他牌好很多，「蜜妮」是最好的卸妝棉，我想我不必再試其他品牌了。
廣告核心	獨特卸妝液，乾淨獨一無二，保濕但不傷肌膚。
廣告主張	做對的事，何必再改變！
支持點	·獨特卸妝液，卸妝力經測試明顯優於其他卸妝棉。 ·溫和液體成分，每一張卸妝棉含6.5CC卸妝液。
Tone & Manner（態度和語氣）	明亮、輕快的風格，專業、有自信的態度。
廣告操作的限制條件與規範	·需有卸妝液的特寫畫面。 ·需有卸妝步驟，以及使用後的卸妝棉Demo畫面。

請各位務必要將5W熟記於心，剛開始也許會不習慣，不過，慢慢地把這些規範牢記心中、熟練自如後，自然能讓寫出來的文案，像配有導航系統的導彈一樣，不偏不倚，直接命中目標！

Note

2

給產品一個響亮的名字

好產品要先有好名字

美國行銷大師阿爾・里斯在《打造品牌的22條法則》一書裡提到：「**對於一個品牌而言，最重要的就是名字。**」索尼（SONY）的創始人盛田昭夫也認為：「**取一個響亮的名字，以便引起顧客美好聯想，提高產品知名度與競爭力。**」

由此可見，好的名字絕對有其重要性和影響力。幫產品取個好名字，不但能讓消費者在眾多商品中第一眼就注意到產品，還可能因此提高銷售機會。

好名字要能讓人過目不忘

日本資深廣告人兼作家川上徹也在他的著作《為什麼超級業務員都想學文案銷售》裡，提過一個相當著名的例子：

案例 當「大頭菜」變身為「蜜桃蕪菁」

日本一家主打生鮮食品販售的電子商務網站「Oisix」，在創立初期派了一位採購員前往農家拜訪，當時農家招待了一種叫做「HAKUREI」品種的大頭菜（蕪菁），讓採購員吃了一口之後大為驚豔，鮮甜多汁的滋味讓採購員忍不住讚嘆：「簡直就像水蜜桃一樣嘛！」

於是，「Oisix」將這看似平常的大頭菜取了個新名字：「蜜桃蕪菁」，並發表在網站上，結果「蜜桃蕪菁」躍升成為人氣商品，甚至經常出現缺貨的狀況。

如果這種大頭菜和一般蔬菜水果一樣，被擺在超市、農會或者雜貨店的貨架上時，品名只寫著「大頭菜」或「蕪菁」，一旁再附註說明產地，恐怕這個產品再好，銷量也是有限。「蜜桃蕪菁」正是因為有了**特別的名字**，才得以大受歡迎。

命名不是空想、亂想、胡想

很多知名企業的品牌或產品的名字之所以響亮，大多是有根據或有意圖，而不是隨便胡謅得來的。

例如，大街小巷都找得到的「7-ELEVEN」，現在幾乎已是世界知名的便利商店，但是早期這家便利商店並不叫「7-ELEVEN」，而是叫「U-TOTE'M」，在一九四六年，因為營業時間延長，從上午七點至晚上十一點，才改名為「7-ELEVEN」。

「亞馬遜」（Amazon）的創辦人取名的方式則相當有趣。他當初很單純地希望，公司名字按照字母排列時，能排在前面一點，所以想要取個「A」開頭的名字，於是翻了字典，找到了「Amazon」（亞馬遜）這個單字，亞馬遜河是世界上流域最大的河，創辦人也希望自己的公司能和亞馬遜河一樣成為世界第一，因此就決定了這個名字。

「可口可樂」，大家一定覺得名字看起來很歡樂，對吧？其實這個名字跟情緒無關，而是因為可口可樂最初的兩個重要成分和原料來源有「古柯葉」（Coca leaves）和「可樂果」（Kola nuts），因此創辦人將產品取名為「Coca-Kola」，之後為了看起來整齊、明顯，便把K改成C，也就是現在大家看到的「Coca-Cola」。

好產品絕對值得擁有一個好名字，重點是，要傳達什麼訊息？**找出引人興趣的訊息去發想**，就能想出響亮的好名字。

擦亮金「字」招牌——命名5原則

在幫產品命名時，只要遵循以下幾個原則，想出來的名字多半不會太差：

1. **好記**：好的名字要能一眼記住，過目不忘。
2. **好唸**：好的名字愈口語化，唸起來愈順暢。
3. **好懂**：好的名字要有意義，而且一看就懂。
4. **好聽**：好的名字要有抑揚頓挫，節奏美感。
5. **短好**：好的名字不超過五字，簡短更夠力。

那麼，要如何開始命名呢？首先，請各位務必**徹底瞭解自己的產品**，不管是外在、內在、色澤、風格、功能、特性、成分、原料、添加物、製作過程、產品帶給消費者的感覺、功效、心理感受……都要一一理解清楚，瞭解得愈詳細，愈能從中找出消費者在意的點，當作命名切入點。

一「名」驚人的命名18招

在廣告公司，為產品命名是很常見的工作。每天面對不同的商品，文案人員幾乎個個都有獨門的命名技巧。以下歸納了十八種廣告公司最常用的命名發想切入法供各位參考。在靈感枯竭時，試著從這十八個切入法去找，一定能夠幫助各位的產品找到好「名」聲！

命名發想切入法一：造型

造型命名法，顧名思義，就是產品的形狀、包裝、外貌看起來像什麼，就以類似的形體感覺或聯想，直接拿來命名！

案例 **東京「巨蛋」，從暱名變為大型體育館代名詞**

東京巨蛋（日語：東京ドーム，英語：Tokyo Dome）是日本第一座巨蛋型球場。因為外型有個蛋頂，因此有了「Tokyo Dome」的名號。事實上，「Dome」原意指的是西方圓

頂建築。

一九八八年開幕時，這座以「BIG Entertainment and Gold Game!」為定位的體育館，因為縮寫成「BIG EGG」而被暱稱為東京巨蛋。現今較少使用「BIG EGG」（ビッグエッグ）的說法，不過，中文按字面翻譯成「巨蛋」後，世界各地大型室內綜合性體育館台灣都叫它「巨蛋」。例如：福岡巨蛋、台北小巨蛋、高雄巨蛋。

案例 強調大碗滿意，阿Q「桶」麵擄獲大胃王客群

在阿Q桶麵上市前，「統一」已經擁有「統一麵」、「滿漢大餐」、「來一客」三個速食麵品牌，不過，當時這三個品牌無法完全滿足消費者需求，而且二十五元中價位速食麵市場呈現中空狀態，於是，「統一」決定推出訴求「便宜又大碗」的阿Q「桶」麵，以滿足年輕男性和藍領階級等客群。

造型獨特的「桶狀」包裝，加上率真、不怕吃虧的阿Q角色，讓「便宜又大碗」為訴求的廣告形象深植人心。沒多久，阿Q桶麵即奪下中價位速食麵市場市佔率第一名。

巨「蛋」、「桶」麵就是**以造型當作命名根據**的典型，這樣命名不但好記，也好唸。

除此之外，「蝶翼」衛生棉、「水立方」游泳池、「鳥巢」運動館、「雙胞胎」分離式冷氣等，都是以產品造型作為命名切入點。

命名發想切入法二：原料

如果產品中擁有**獨一無二的成分或原料**，大可以此作為命名！

案例　形似獠牙，「老虎牙子」特殊原料讓有氧飲料成為全新品類

據「老虎牙子」官網資料表示，「老虎牙子」是全球第一個以有氧為訴求的機能飲料。這個獨特的品牌命名即是因為飲料當中所含的成分「**刺五加**」而來。

刺五加也叫做西伯利亞人蔘（Siberian Ginseng），多生產在俄國西

伯利亞、中國黑龍江省及日本北海道一帶，因為莖狀像虎牙，當地居民吃了體健如虎，所以給這植物取了綽號「老虎獠子」。因此，飲料廠商就將含有「老虎獠子」成分的這瓶飲料命名為「老虎牙子」。

案例 「晶球」優酪乳，用「晶球」保護乳酸菌，說服力高，銷量跟著高

「晶球優酪乳」是「光泉牧場」於一九九八年推出的產品。「晶球」是日本所研發的一種**微膠囊技術**，以明膠（Gelatin）作為膠囊的材質，使得晶球可以保護益生菌通過胃酸，並在到達小腸後溶解，釋出晶球內的益生菌，讓這些菌能夠安全抵達腸道發揮作用。

為增強說服力，「光泉牧場」還請來日本乳酸菌權威淺田雅宣博士，在台灣拍攝一支廣告影片，訴求「晶球」技術經過實驗證實，比沒有晶球保護的益生菌存活率高達七百倍。

廣告一經推出，「晶球一粒粒，健康又美麗」的口號傳遍各大超市，除了大大提升消費者的信心外，連帶銷量當然也節節上升。

命名發想切入法三：產地

如果產品與產地密不可分，能**彰顯新鮮或強調在地風情**，就用地名來命名。

案例 **面臨進口啤酒威脅，「台灣啤酒」強打本土牌，成功守住市場**

在台灣菸酒公賣局未開放啤酒進口前，「台灣啤酒」可以說是寡佔市場。但當菸酒公賣局開放進口後，原獨賣的台灣啤酒，從百分之百的市佔率逐年往下掉；之後，受到日本「麒麟啤酒」大舉進攻市場的影響，銷售甚至一路掉至七成以下。

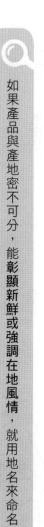

一個遠道而來的日本品牌啤酒，卻深入本土，主打在地情感的台式行銷，讓「台灣啤酒」第一次有了面臨生死存亡的危機感。「台灣啤酒」此時才驚覺，長期以來一直忽略自己獨有的特色：**台灣在地**。

於是台灣啤酒找來伍佰代言，播出台灣啤酒史上第一支電視廣告，創下至今仍膾炙人口的廣告金句：「台灣啤酒上青」，強調「在地才有的新鮮」，不但成功創造話題，也因此繼

續穩坐第一市佔寶座。

「台灣啤酒」與產地密不可分，既能彰顯本土新鮮、強化「在地優勢」，也不需擔心競爭對手搶奪，即使面對日本「麒麟啤酒」以本土化訴求的強勢廣告，**以產地訴求的「台灣啤酒」**，更具有說服力。

案例

「左岸咖啡」不只是賣咖啡，而是經營一家咖啡館

說到「統一」的「左岸咖啡館」，浮現在你腦中的第一印象會是什麼？巴黎鐵塔？香榭大道？還是塞納河畔的人文風情？

這個以法國地方風情當命名的左岸咖啡館上市之前，市場並沒有類似的產品。那時，市場上大部分的飲料都是透過利樂包的包裝銷售，利樂包給消費者的價格認知就是每瓶十元，一旦提高價格就很難銷出。

為了解決問題，廠商和廣告公司想出改變包材的方式，以杯裝飲料替代利樂包，並選擇咖啡當作主打，「左岸咖啡館」於焉誕生。為什麼要叫「左岸」而不要叫「右岸」呢？

因為法國塞納河右岸多為工業區，左岸則多為人文薈萃、悠閒聚集處，左岸自然而然成了首選之名。左岸咖啡館，不但跳脫以往利樂包只能賣十元的廉價印象，更營造出浪漫氛圍，讓消費者只喝一口，就彷彿置身塞納河左岸，感受法式人文氣息。

「左岸咖啡館」廣告推出後，如旋風般橫掃台灣，引起女性極大迴響，創造出前所未有的銷售佳績。

至於巴黎塞納河畔，到底有沒有一間「左岸咖啡館」？這並不重要，重要的是，消費者嚮往身在左岸的浪漫。

「台灣啤酒」強調產地新鮮，「左岸咖啡館」讓人聯想法國浪漫情懷，都是以「地名」成功創造話題。其他像是「**金門高粱**」、「**八八坑道高粱**」、「**瑞穗鮮乳**」、「**青島啤酒**」等，也因為使用地名當品牌，獨具產地特色，而被消費者牢牢記住。

命名發想切入法四：製程或用法

以前所未見的製程技術、使用方法或食用方法命名，一來能讓人好奇，二來也能凸顯產品的專業與品質。

案例 搖33下再喝的「雪克33」，首開為產品量身訂作廣告曲的先例

「雪克33」是「統一」在八〇年代一個很有趣的產品。從字面上來看，名字不但獨特，而且還具有讓人「搖33下再喝」的意圖。除了獨特的名字和意圖，雪克33還首開先河，為產品量身訂作廣告主題曲，開啟前所未有的廣告行銷手法。

當年，為求迅速打響產品知名度，「統一」與唱片公司簽約合作，為「雪克33」量身訂作宣傳歌曲。而當時最受年輕人喜愛的當紅團體「丘丘合唱團」因此雀屏中選。上市廣告一經推出，果然一炮而紅，雪克33在廣告歌詞「搖搖，搖得開懷消遙，搖搖，搖出無限歡笑，搖搖，搖出青春年少，搖回過去童年情調」的巧妙聯結下，成功地成為大街小巷人人皆知的當紅商品。

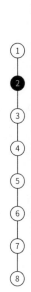

案例　低溫「冷泡」讓「茶」更甘美，「光泉」開闢茶飲類別新戰場

「冷泡茶」是二〇〇四年出現的新類型茶飲，也是「光泉」繼經營了二十二年的老品牌「茉莉茶園」後的第二個茶飲類品牌。

「光泉．冷泡茶」上市前，市面上的包裝茶，例如「統一．茶裏王」、「維他露．御茶園」，均屬於「熱沖茶」類，都以傳統熱水泡茶的方式製成。因此當「冷泡茶」上市時，號稱這種顛覆傳統的低溫冷泡方式，可以降低茶葉中咖啡因及單寧酸的溶出，並讓茶葉中帶甜味的胺基酸優先釋出，使得茶湯口感更甘甜且不苦澀，不但引起市場的熱烈討論，也讓當時的領導品牌「茶裏王」和「御茶園」不得不正視這個後發品牌。

「光泉」在發想命名時，「冷泡茶」只是眾多命名的一個選項，最終決定以「製程」當命名，除了簡單、好記外，主要還是想和一般熱沖茶作出區隔。後來證明，選用「冷泡茶」當命名是正確的，不僅掀起一陣冷泡風潮，**更區隔出全新的茶飲市場類別**，讓「冷泡茶」三字成了「光泉」獨享的新茶類代名詞。

一般而言，使用前所未見的**製程**或**使用方法**當作命名，很容易成為「該產品類別的代名詞」。

「光泉」推出「冷泡茶」之後，幾乎等於「用低溫冷水泡的茶」的代名詞，一提到「冷泡茶」，就只有「光泉．冷泡茶」才是正牌。而當年上市強調「只要一匙用量就能徹底洗淨」的「**一匙靈**」洗衣粉也一樣，「一匙」幾乎成為現今濃縮洗衣粉的「用量準則」。另外，強調「奈米分子」的「**奈米樂超濃縮洗衣精**」、強調用量只要「一滴就能乾淨」的「**一滴淨**」洗碗精等，都是相同的命名手法。

如果你的產品具有前所未見的製程技術或前瞻做法、用法，就大膽地用來命名吧！

命名發想切入法五：用途

把產品**運用的地方和期望達到的效果**當作命名素材，用名字告訴消費者產品厲害的地方。

大多數的**居家用品**或**清潔劑**，都會採用這種方式命名。選用「用途」當命名時，記得，用字要盡量簡單，最好能讓消費者一看就懂，同時知道如何使用、用在哪裡。

例如：

- 「**愛地潔**」是針對「地」板設計的清潔劑，可為消費者帶來地板清潔的效益。
- 「**碗清**」是針對碗盤設計的清潔用品。
- 「**克蟑**」顧名思義就是「蟑」螂的剋星。
- 「**免警蟑**」和「**免螞煩**」很明顯就是針對蟑螂、螞蟻所設計，不只能清除蟑螂和螞蟻，還能免除看見蟑螂時的緊張和害怕。

命名發想切入法六：功效

> 把產品強調的**特殊功效**拿來命名也是個好方法。

保健、**醫藥**、**美妝**、**保養**等具有「使用後能產生明顯效果」的機能性產品，多半採用這種命名方式。

案例

「舒酸定」品牌名稱清晰，一眼看出牙膏獨特功效

不知道各位有沒有這樣的經驗，吃冰的時候突然覺得牙齒很痠、不舒服？這時除了去看牙醫，應該不少人會因電視廣告而想起「舒酸定」牙膏吧！

在一九六一年「舒酸定」上市前，市面上的牙膏品牌一致主打牙齒潔白、清新口感；而「葛蘭素史克」公司卻另闢戰場，專精發展「抗敏感牙膏」，並從「舒酸定」這個命名開始，展現品牌的**獨特性**與**差異化**。無論電視廣告或者平面廣告，都採牙醫師證言手法，建立消費者對產品的信心與信賴。

現今，當我們感到牙齒因敏感而不適時，第一個念頭就是「舒酸定」，可見品牌已經成功地將「舒」緩牙齒「酸」（痠）痛敏感、輕鬆搞「定」的印象深植人心了。

舒酸定原英文名字為「Sensodyne」，如果依照原名翻譯，而不是從功效著手，產品的銷售恐怕就會大打折扣了。

除了「舒酸定」，像是「**普拿疼**」、「**伏冒熱飲**」、「**寧疤寧**」、「**剋痛**」、「**抗痛寧**」等，在命名上都符合簡單、明瞭、一看就懂的原則，這些品牌自然不用花太多力氣，就能讓消費者牢牢記在心中。

如果你的產品，**具有可以解決消費者生理或身體困擾的強大產品力**，使用「功效」當命名，很容易因此獲得消費者的青睞。

不過，在台灣使用「功效」命名時，記得避開涉及療效的字眼，以免違反衛福部的規定。

命名發想切入法七：消費者利益

以消費者利益導向作為命名考慮，通常都能快速引起消費者的注意。

行銷大師希奧多・李維特（Theodore Levitt）曾在他的著作《引爆行銷想像力》（The Marketing Imagination）裡提到：「人為什麼購買商品？顧客想購買的不是服務或產品，而是**服務或商品提供的好處**。」

他還在書裡舉了一名電鑽推銷員的例子：「電鑽推銷員雖然一年可以賣出一百萬台四分之一英寸的鑽孔機，但人們真正想要的並不是四分之一英寸的鑽孔機，而是四分之一英寸的洞。」換句話說，「鑽孔機鑽出來的洞」就是產品為消費者帶來的利益。

你的產品能為消費者帶來什麼好處？身體感覺上的或是心理感受上的？若想用消費者利益當作命名，可以朝兩個方向發想：

- **生理利益**：使用該商品而得到的具體感受，著重在生理感官。
- **情感利益**：使用該商品後，感受到精神上的心理認同或者無形的幸福快樂。

案例 足爽，讓你的腳很爽

台灣「五洲製藥」的「**足爽軟膏**」專治香港腳，當時的命名並未從「功效」——去癬除菌、治療香港腳——上著手，而是使用後的消費者利益——讓消費者有一種「很爽」的感覺。

「足爽」直接點名產品適用的地方，同時清楚傳達「藥到病除，讓腳爽快」的感

受，又帶有雙關語，是一個很成功的產品命名。

和「足爽」類似的還有「**肌樂**」疼痛軟膏、「**倍潤肌**」嫩白乳液、「**康得**」感冒膠囊等，都是從名字中，顯而易見使用後帶來的生理利益。

案例 載卡多，載得就是比較多

「福特汽車」「載卡多」（Ford Econovan）在台灣，一直是最受歡迎的輕型商用車。品牌成功的一大原因在於命名。一目了然的消費者利益，對當年那些「打拼向上、攜手創造台灣經濟奇蹟的廣大頭家們」而言，**可以比他牌貨車戴得更多，可以讓他們賺得更多，才是他們最在意的**。如果「載卡多」當年採用「靈活好操控」、「耐操肚量大」、「堅實易保養」等其他優點當作命名方向，或許就不會這麼受到「頭家」們的青睞。

案例 媽媽樂，不用手洗，媽媽更快樂

「媽媽樂」是五十幾年前，「台灣三洋」跟日本技術合作引進台灣的第一台洗衣機。

當年以「上沖、下洗、左搓、右揉」的口號和廣告旁白「洗衣，1、2、3，媽媽最輕鬆。」強調**有了這台「媽媽樂」**，**從此洗衣再也不需「用手洗」**。

「媽媽樂」自此不但成為最受歡迎的洗衣機種，改變了台灣長期以來用手洗衣的習慣，「媽媽樂」的概念更是根深蒂固，成為媽媽們津津樂道的最大幸福。

「媽媽樂」洗衣機同樣也是以消費者利益為名，不過，與生理利益截然不同，而是以情感利益為訴求。

其他例如「**得意的一天**」橄欖油、「**必安住**」殺蟲劑等，也是以情感利益為命名方向。

如果你的產品重視故事、強調感性、著重精神層面或心理滿足，不妨考慮以情感利益當作命名方向。

命名發想切入法八：厲害或專業

企圖將產品定位成**最專業**或**最強等級**，可用這一招。先將與專業或頂級相關的字挑選出來，再和產品有關的字眼加以組合，就能找出最適合的好名字。

食品、保健產品，經常採取這種命名方式。例如：「**一度贊**」、「**乾麵王**」、「**靈芝王**」、「**樟芝王**」、「**益菌王**」、「**味味一品**」等。

案例 「凪Nagi」拉麵以「王」為名，掀起旋風

「凪Nagi」發跡於二〇〇四年的東京新宿，「凪」這個字是日文漢字，意指「風平浪靜，海面無波」。然而從它在「DailyView網路溫度計」網站獲得的評價和討論度，並被選為十大人氣拉麵店冠軍就可得知，「凪Nagi」在拉麵市場掀起一陣旋風。

「凪Nagi」拉麵十分擅長行銷操作，光是從**口味命名**就可窺一二，不管是「豚王」、「黑王」、「赤王」還是「翠王」，都展現出店家的專業、自信與「王者之風」。除了命名特殊，也利用「飢餓行銷」手法，定期推出限量商品，不僅創造熱門議題，同時累積排

隊人潮。在日本，更推出「一年三六五天每日一麵」的瘋狂噱頭，引爆關注，至今創造出一千多種不同的拉麵口味，受歡迎的程度讓店家開始將版圖擴張到海外，像是香港、菲律賓、上海以及臺灣，甚至連國外媒體都跨海報導。

案例 「Wagamama拉麵道」，以「道」為名，展現專業與用心的形象

「Wagamama拉麵道」是「統一」早期推出的泡麵產品，現今這個品牌已經將「Wagamama」改為「Wakuwaku」，「拉麵道」三字則保留不變。「Wakuwaku」（わくわく）在日文意指「因期待而喜悅」，而「Wagamama」其實並不具任何意義，據說當初只是文案人員在偶然間聽到的語助詞，像是在發出讚嘆聲一樣，而將「Wagamama」和「拉麵道」擺在一起，聽起來、看起來也很專業、厲害，於是就這樣成為品牌的名字。到底事實是否如此，至今未被任何人證實。

當年「拉麵道」推出時，還搭配了一支「老拉麵師傅」的廣告影片宣傳，確實呈現出日本「茶道」般的專業形象，**堅持道地日式風味與近似日本現煮拉麵的超強產品力**，一經推出果然大受歡迎，成為當時最暢銷的泡麵商品。時至今日，仍有不少死忠消費者，稱得上是「統一」的長青商品之一。

命名發想切入法九：使用者形象

利用**消費者的投射心理**當作命名，容易拉近距離。

各位還記得在前一章節曾提到5W中的「WHOM：要對誰說」嗎？命名也可以從這方向發想切入。你的產品是由誰來使用？就用誰的樣子或者形象當作命名參考，呈現使用者的形象，或塑造形象讓消費者也想變那樣！

例如：

- 「**美麗佳人**」（Marie Claire）雜誌，販賣的對象就是「希望成為美麗佳人的女人」。
- 「**美國旅行者**」行李箱，就是以「喜歡到處旅行的人」當訴求對象。
- 「**全植媽媽**」洗衣液體皂，則是針對「在意產品是否為天然成分的職業婦女」而設計。

在命名時，記得要將年齡、居住地、生活背景、教育程度等都考慮進去，找到的字彙才能更貼近「使用者形象」。

案例 「模範生點心麵」全球熱賣六十年，堪稱點心麵界的模範生

「模範生點心麵」是日本「優雅食公司」（Oyatsu Company）在一九五九年推出的「意外爆紅」商品。原本「優雅食公司」的主力產品為泡麵「味付中華麵」，為了處理製造過程產生的碎麵條，才將碎麵條包裝，並命名為「寶寶拉麵」當作零食販賣。沒想到市場反應奇佳，沒多久就成為小朋友最愛的零食之一。於是「優雅食公司」在一九七一年將「寶寶拉麵」更名為「寶寶之星拉麵」，中文則譯名為「模範生點心麵」。

為了更符合主力消費者的「兒童」形象，加上日本人過去普遍將拉麵視為中華料理之一，「優雅食公司」在一九八八年更新包裝時，推出橘黃色的吉祥物「Ba醬」（ベイちゃん），以身穿唐裝、頭戴瓜皮帽的造型亮相；接著又再推出女版吉祥物「By醬」（Ba醬的妹妹）一同現身。

這對可愛乖巧的兄妹形象，陸續出現在「優雅食公司」所推出的四千多種相關商品包裝上，為了配合不同國家、不同口味，這對兄妹還換上不同國家的服裝，正是為了讓還不識字的小孩們，也能透過兩人的服裝辨別口味。

台灣家長向來不太允許孩子將泡麵當作零食，「模範生點心麵」卻是例外，除了**「模範生」的名字取得好，符合家長投射心理**，產品力、口碑和行銷佳績也是主要原因。「模範生點心麵」熱賣全球數十年，絕對稱得上是點心麵界的模範生。

命名發想切入法十：人物或角色

創造或虛構一個人物或角色，以**建立專業權威或親民形象**，是相當常見的命名方式。使用這類命名最好一併將這個角色加以**卡通化或形象化**，讓消費者更清楚角色的模樣與個性。

採用這種命名方式的人物，例如：「7-ELEVEN」的「**OPEN小將**」、「伯朗咖啡」的「**Mr. Brown**」、「**康師傅**」泡麵、「**威猛先生**」浴廁清潔劑等，都有鮮明的輪廓。

前面提到過台灣的「模範生點心麵」是日本「寶寶之星拉麵」的譯名。「模範生」是以「使用者形象」命名；「寶寶」則是為產品創造一個全新的人物或角色，將產品**擬人化**。「寶寶之星拉麵」以可愛乖巧的兄妹作為吉祥物，是個很成功的例子。

案例 稱霸罐裝咖啡市場，「伯朗咖啡」見證台灣咖啡發展史

「Mr. Brown～咖啡！」想必大家一聽到這句耳熟能詳的聲音，腦海裡就會不自覺地浮現一名身穿白色西裝、有著濃密大鬍子、拿咖啡的外國大叔，這就是「金車．伯朗咖啡」的商標**「Mr. Brown」（伯朗先生）**。

好的產品能不能成功，名字很重要。一九八二年，「金車」準備推出罐裝咖啡時，為品牌命名便成為首要任務。據了解，金車高層偏好具象、擬人化的品牌名字，還訂下幾項命名標準：讀音清晰，唸起來不拗口；字形、字義平穩；還有，罐裝咖啡是台灣全新品類，是國外產物，所以品牌名字一定要有洋化的味道。

正好當時國中英文課本第一冊都有「Brown」這個字，且「Brown」還有咖啡色的雙關意義，最後敲定「Mr. Brown」（伯朗先生）當作咖啡品牌。

此外，「波爾茶」系列，也採用相同命名模式，塑造了「鼻子尖尖的、鬍子翹翹的，手裡還拿根釣竿兒」的「**波爾先生**」。廣告推出後，逗趣的模樣、幽默的語氣，果然大受歡迎，深獲大人小孩的青睞。之後更以「波爾」為品牌，發展出口香糖和礦泉水等商品。

命名發想切入法十一：人名

因人而貴的產品，可用**創辦人、發明人或最高執事者**的名字來命名。除了可以獲取消費者的高度信任外，同時具有獨家專屬之意。

以人名作為企業品牌的案例並不少，許多美國的知名公司都以創辦人命名，像是「**戴爾**」（Dell）來自創辦人麥可・戴爾（Michael Dell）、「**惠普**」（HP）來自創辦人惠利特與普克德（Hewlett-Packard）、「**迪士尼**」（Disney）來自創辦人華特・迪士尼（Walt Disney），另外像「**愛迪達**」（adidas）則是創辦人阿道夫・達斯勒（Adolf Dassler）的小名「Adi」和他的姓氏最前面三個字母「Das」的混合體。

在台灣，也有不少品牌是以創辦人或負責人的名字作為命名，尤其補教界名師，幾乎都用自己的名字或藝名，像是「**賴世雄**」美語、「**徐薇**」英語、「**呂捷**」歷史、「**劉毅**」英文等。

食品界更有不少使用人名當品牌的例子。像是香港百年品牌「**李錦記**」蠔油，就經營得非常成功。「李錦記」蠔油創立人李錦裳，意外發明了蠔油製法，於是便在一八八八年

創立了「李錦記」，開始了製造調味醬料的事業，成為世界知名品牌。

在台灣，糕餅製作的老字號「**郭元益**」食品，則比「李錦記」更早，創立於一八六七年。主要製作結婚喜餅、鳳梨酥等各種節慶與禮俗相關糕餅。一九四五年，第三代經營者以郭氏位在漳州龍溪縣的祖厝「元益」堂號冠上郭姓而成「郭元益」，如今已經營百年，更是政府推廣觀光的歷史老店。

台灣知名小吃「**鬍鬚張**」也是一個有趣的例子。當年，在台北圓環附近經營魯肉飯、滷豬腳等台灣傳統小吃攤的創辦人張炎泉，因為魯肉飯的口碑好，生意日益興隆，每日忙於工作，而疏於整理鬍鬚，熟客們便以其醒目的鬍鬚暱稱張炎泉為「鬍鬚張」，「鬍鬚張」也逐漸成為攤位的稱呼，後來便以這個「鬍鬚張」作為品牌，成為現今全國知名連鎖店。

命名發想切入法十二：理念或主張

如果你的產品賣點、特色和他牌產品其實差不多，也沒有什麼歷史悠久的創辦人故事可以當作命名時，不妨想想，你為何要販賣這個產品？你認為自己在經營上或態度上有什麼不一樣的地方或特色？或者，你想表達什麼主張或想法？仔細想想，或許可以發掘到很有趣的名字。

想透過品牌或者產品傳達**企業精神或品牌價值**時，可用這種命名方式。

案例 「多喝水」沒事，沒事「多喝水」，打動學子創造話題

台灣飲料市場向來是各大廠商的覬覦之地，年產值高達六百億，其中，雖然茶飲佔近兩百億的市場，但由於近年健康意識崛起，讓包裝水飲料也成為各飲料品牌的重點產品。其中，「味丹」的「多喝水」投入市場後，因為廣告旁白「多喝水沒事，沒事多喝水」一舉打開市場知名度，更成為年輕人之間的流行用語，從一九九六年到二〇〇七年間推出的「多喝水」廣告，也席捲各項廣告競賽大獎，如時報廣告金像獎、亞太廣告獎、4A自由創意獎、坎城國際廣告獎與時報世界華文廣告獎等，多年來位居台灣地區瓶裝水市場的領導地位。

「多喝水」是一個非常棒的品牌命名。它**有主張**、**有態度**、**有想法**、**有個性**，**又和生活習習相關**，選字、用字、讀音完全符合命名五大原則。當市場同類品牌都在主打水質賣點，當年的「多喝水」決定反其道而行，從理性的對立面出發，選擇**感性行銷**，並結合品牌名，創造出一句有態度又有想法的標語：「多喝水沒事，沒事多喝水。」

「多喝水」清楚設定消費目標群（WHOM）為十五至二十三歲的高中、大學生，因此在**品牌調性**上，一直以酷酷的語氣和態度與高中、大學生對話。

案例 結合品牌和理念，「全家就是你家」，暗藏「六大承諾」

你一定聽過「**全家就是你家**」這句廣告標語。網路流傳這可不只是一句標語，還是一句「藏頭文」，是全家對於顧客的六大承諾：

「全」年無休，永遠即時回應問題；
「家」家全家店舖維持整潔、明亮、安全；
「就」要主動說聲歡迎光臨，傳遞溫暖與人情味；
「是」不斷推陳出新的生活便利屋；
「你」能在全家買到新鮮且豐富的商品；
「家」家戶戶可依靠的社區服務站。

網路流傳的「全家六大承諾」並未獲得「全家便利商店」證實，不過，「全家」的品牌名稱原本就是源自日本「FamilyMart」之名，「Family」即有「全家」的概念。

經過廣告標語「全家就是你家」的推波助瀾，不但巧妙地讓人們很快地認識品牌、也了解品牌理念，最成功之處就是讓消費者相信，**進了「全家」就好像回到自己的家。**

命名發想切入法十三：音譯

如果你的產品是從國外代理進來的外國品牌，而且發音簡單，就以**發音相近的字眼命名。**

來自日本的世界知名品牌「索尼」（SONY）公司，就是直接以發音命名。「SONY」早期剛進入台灣市場時，原以「新力」作為台、港兩地的中文譯名，後來因為台灣亦有印章公司使用此名稱，因而改為中國大陸通用的「索尼」，以接近「SONY」的發音。

以去除頭皮屑為主打功能的洗髮精「海倫仙度斯」，也是取原文「Head & Shoulders」的發音而來。事實上，國外原名的意思是「頭與肩膀」，其命名與產品功效的特色有關，意指產品能幫助使用者清除落在頭髮、肩頭上的頭皮屑。

大部分以「音譯」為命名切入的品牌，音譯後的中文名稱與產品特色關聯不大，例如

「多芬」（Dove）沐浴乳、「安素」（Ensure）營養品、「桂格」（Quaker）食品、「潘婷」（Pantene）髮品、「蜜絲佛陀」（Maxfactor）彩妝、「可伶可俐」（Clean & Clear）洗面乳等，如果沒有透過廣告表現或文案說明，光看字面意思，不見得就能理解產品特色或功效。不過，使用這種方式命名的最大好處，就是只要消費者聽過之後就能憑著發音聯想到品牌名稱了。

命名發想切入法十四：意譯

同樣是進口品牌，如果**原名本身就具有象徵意義**，建議直接按照原文翻譯為佳。

日本第一支牙膏是由「獅王株式會社」製造生產，產品名稱就叫「**獅王LION牙膏**」，來到台灣後，仍保持原名、原意上市。

一樣來自日本的「**櫻花**」（SAKURA）牌文具用品，也是國際高級品牌，鮮明的櫻花商標加上英文「SAKURA」，以直譯方式命名最為直接，加上台灣對於單字「SAKURA」並不陌生，很快就能被消費者記住。

另外像是「**花花公子**」（PLAYBOY）雜誌也是採用直譯。

命名發想切入法十五：音譯加意譯

如果進口品牌的**名字很特別，發音也很容易記**，可以使用原文「發音」加「意譯」的方式組合成具有雙重含義的命名，有時能發揮雙倍效果。

案例 **全球劃時代的產品，紙尿布的代名詞——「幫寶適」**

「幫寶適」不僅是全球劃時代的育嬰產品，也是台灣第一個紙尿布產品。「幫寶適」是「寶僑公司」所開發出的一款拋棄式紙尿布。一九五六年，該公司的化學工程師維克多．米斯（Victor Mills），對於必須經常為家中剛出生的嬰兒更換布製尿布，深感困擾，於是，尋求該公司的研發部門協助，而開發成功，於一九六一年正式量產，並上市銷售。而品牌名稱「Pampers」原意是指「給予關懷和照料」，中文翻譯名稱，也將「幫寶適」帶給人們的便利做了很好的詮釋。

「Pampers」來台上市的譯名「幫寶適」，結合了產品功能和發音，譯名中也清楚地指明5W中的「WHOM：使用對象」，在台灣，不僅是第一個紙尿布產品，更成為紙尿布的代名詞。

案例 台灣「星巴克」字義、語義饒富趣味

「星巴克」（Starbucks）是美國一家跨國連鎖咖啡店，也是全球最大的連鎖咖啡店，發源地與總部位於美國華盛頓州西雅圖。「Starbucks」取名自小說《白鯨記》裡，那位冷靜又愛喝咖啡的大副「史塔巴克」。這個名字讓人聯想到海上冒險故事，也讓人憶起早年咖啡商人走遍各地尋找好咖啡的傳統。

台灣「星巴克」由「統一」企業取得授權引進後，將英文「Starbucks」譯成「星巴克」，把「Star」意譯為「星」，再和「bucks」的發音結合。

「統一」引進「星巴克」後，這幾年來，一直在全台打造咖啡故事館，在各地尋找老式建築，融合歷史、人文、咖啡三大元素，打造極具當地「文創特色」的門市，不僅成為台灣文青聚集之地，也吸引不少外國觀光客前來朝聖。

此外，像洗髮精品牌「Pert」發音接近「飛柔」，中文用字也和洗後的秀髮有關；喉糖品牌「Strepsils」發音接近「舒立效」，產品也期望達成「舒緩喉嚨，立即有效」的功能，都屬於「音譯加意譯」的命名法。

命名發想切入法十六：雙關語或諧音

先找出產品特色，再找**同音字**、**近音字**去套用。以諧音與雙關語當命名的產品，既有趣又容易被記住。想成為家喻戶曉的成功品牌，幫產品取個諧音或雙關語就對了。

找諧音或雙關語來幫產品命名，稱得上是最有趣的命名法了。這種命名法不但容易讓消費者記得產品的特色或好處，也因為名字背後隱藏著故事般的話題而廣為流傳，進而幫助品牌提高不少知名度與好感度。

案例

回甘就像現泡，「茶裏王」茶中封王

「茶裏王」最為人稱道的，就是它好記而與眾不同的名字。二〇〇一年，在哈佛企管顧問的「行銷創意突破獎」中，「茶裏王」獲得「最佳產品命名獎」第二名（第一名從缺）。朗朗上口的廣告詞「回甘，就像現泡」，也讓人很難忘記。

據了解，「統一．茶裏王」在上市前研究發現，以青少年為目標客群的飲料很多，但沒有一種茶品是針對上班族設計的。因此，在品牌規劃時，決定和基層上班族搏**「品牌認同」**。

從一開始的上市廣告「茶裏王人呢？」不斷重複**「茶裏王」與人名「查理王」的諧音**，引發聯想，就已成功地讓消費者認識品牌；接著，一系列忠實呈現辦公室文化，為基層上班族發聲，傾吐上班族內心辛酸的廣告影片，準確抓住目標客群的心，「統一」也因「茶裏王」成功地開發出「上班族」這塊全新市場，成為最大贏家，站上包裝茶飲料第一的地位。

案例

台灣第一張現金卡「喬治瑪莉」（George & Mary），借錢免利！

「喬治瑪莉」（George & Mary）這張由「萬泰銀行」發行的台灣第一張現金卡，發行前並不被金融從業人員看好。但是以「救急」為訴求，符合當時的社會需求，加上

「George & Mary幫我訂了部新車」、「George & Mary幫我付了頭期款」的電視廣告一波接著一波地強勢登場，以及月月送百萬元的促銷活動，吸引了大批消費者前來辦卡，讓「喬治瑪莉」卡在短短時間內就成為最火紅的金融商品，也跌破金融專家的眼鏡。

「喬治瑪莉」（George & Mary）現金卡的名字取得相當有現代感，好記又好叫，而且**和台語發音「借錢，免利」諧音**，率先打開台灣現金卡的全新市場，獨特的命名模式也讓其他銀行陸續跟進。例如：「**春嬌志明現金卡**」、「**轉運color現金卡**」、「**Story現金卡**」及「Wish現金卡」。

而台灣老品牌零食「**蝦味先**」，取了台語「吃不膩」的諧音當作命名，產品銷售至今歷久不衰；「克寧」的「**銀養**」專家成人奶粉，將「銀髮族」與「營養」做了巧妙結合，如今，「銀養」幾乎已經成了克寧成人奶粉的專有名詞；「**包大人**」成人紙尿褲，則結合電視戲劇「包」青天之名和「大人專用」的產品特性，至今穩站領導地位。

命名發想切入法十七：討吉利

幾乎全世界的華人都喜歡**聽好話**。與金錢或喜慶有關的商品，選用人們最愛的吉祥話命名，是個很討喜的選項。

二〇〇九年，「富邦」信用卡推出了一支以「財神爺」為主角的廣告，在廣告的最後，說了一句口號「**富貴要人幫，刷卡記得刷富邦**」，吸引不少目光，成為不景氣時代的「吉祥」話題，而「富貴要人幫」也為「**富邦**」兩字重新做了最有趣的定義。

其他像是「**六福村**」主題遊樂園、「**盛香珍大三元**」瓜子、「**寶來**」證券、「**旺旺**」仙貝、「**錢櫃**」KTV、「**八仙**」樂園、「**安泰**」人壽、「**萊爾富**」便利超商、**福壽米**等，也都是典型例子。

命名發想切入法十八：搭時事潮流

搭流行事物的命名方式，通常較適合短打或紀念性產品。但若產品力夠好，也可能因此成為長青品牌。

案例　廣告角色一炮而紅，「維力手打麵」乘勢推出「張君雅小妹妹點心麵」

最初期，「張君雅小妹妹」只是「維力手打麵」廣告中，一個在里長逗趣的廣播聲中、頂著爆炸頭、專注奔跑的小學生。影片中的她在巷弄中急著跑回家吃泡麵的身影深植人心，幽默的旁白語調和懷舊溫暖的視覺印象，一上檔就令人驚艷。

廣告播出半年後，「維力手打麵」系列創造了新台幣一億六千萬元的銷售成績，是以往成績的二點五倍；而更因為「張君雅小妹妹」在廣告中的光芒氣勢幾乎掩蓋「維力手打麵」本尊，進而觸動「維力」行銷新商機。

為延續消費者對張君雅現象的熟悉感，「維力」順勢獨立開發以「張君雅小妹妹」為品牌的休閒類食品，推出以麵食為基調的點心麵、小杯麵、拉麵條餅、串燒丸子、捏碎麵等，深獲中小學生及青少年族群的喜愛，「張君雅小妹妹」也成為台灣休閒食品史上最火紅的虛擬巨星。

「張君雅」是一個極為普遍的菜市仔名，好記、順口又符合本土在地形象，加上廣告結合了懷舊復古、人際溫暖、簡單幸福等溫馨元素，輕易地擄獲了消費者的目光。

搭流行事物便車的命名方式，必須注意**時效性**，很多時候流行風潮過了，產品生命也會跟著結束，像是台灣曾經流行過的蒙古烤肉、葡式蛋塔，現在已經很少見了。也有些產品屬於紀念性質，例如馬英九總統上任，坊間隨即推出「馬鷹酒」產品，然而，紀念性質的產品生命週期十分短暫，一旦總統退任或者不再受到人民擁戴，就很難在市面上尋獲蹤影了。

命名發想5步驟

命名要像冰滴咖啡慢慢醞釀，再濃縮冷淬而出。

大部分的朋友在發想命名時，總是天馬行空，想到什麼就寫什麼，看到什麼有趣的字就用什麼，反正就先組合看看。不過，各位可以試試以下的步驟，或許可以節省不少時間喔：

- 步驟1：徹底了解產品後，從中找出最大賣點或最強特色。
- 步驟2：試著用一句話，將上述特色或賣點寫出來。
- 步驟3：將這句話加以拆解、分組、濃縮成精簡的字義。
- 步驟4：重新檢視一遍，試著加字、減字、換字、拼字、重組，創造新字彙。
- 步驟5：挑選最棒的那一個。

我們以先前提到的「**當『大頭菜』變身為『蜜桃蕪菁』**」做命名示範：

・步驟1：找出「HAKUREI」品種大頭菜的最大賣點或最強特色→「甜美多汁，吃起來像水蜜桃」。

・步驟2：以一句話的形式寫出來→「就像水蜜桃一般甜又多汁的大頭菜」。

・步驟3：㈠分組與拆解這句話的精華→「水蜜桃」、「甜又多汁」、「大頭菜」。

㈡將拆解的字句改寫、濃縮或改換同義字→「水果」、「蜜桃」、「Juicy」、「甜美」、「甜蜜」、「蕪菁」。

・步驟4：重新組成不同名字→「蜜桃蕪菁」、「甜美蕪菁」、「甜蜜大頭菜」、「Juicy蕪菁」。

・步驟5：從中挑出最棒的那一個→「蜜桃蕪菁」。

「蜜桃蕪菁」成功的關鍵，在於**名字能讓消費者在短時間內就朗朗上口**，還能**秒懂商品特色**。

是不是很簡單呢？找出你的產品特色，只要依照步驟，發揮想像力，你也可以幫產品取個響亮的好名字！

Note

3

為活動主題精彩命名

活動主題命名的原則

活動的「主題」通常是針對舉辦的活動或推行的運動，依內容或特色而做命名，並藉由有趣或聳動的名稱來招攬人潮參加。所以命名的目的要很清楚，要讓人理解這個活動是做什麼的，要能朗朗上口，讓人口耳相傳，最好還能看起來有趣，以吸引更多的注目和好奇；相對的，廣告的「標題」，則多是針對產品或品牌在廣告稿上所做的詮釋。

活動主題和廣告標題的用途不盡相同，因此，寫法上也有所不同，不過，都必須吸引消費者的注意和興趣。簡單的說，**活動必須要有明確的主題，清楚告知客人活動目的，並引起目標消費群的注意**，才得以進而號召群眾參與活動。

為活動主題命名，有幾個原則：

- **要精簡**：用字要簡短有力，最多不要超過十個字，過多不容易記住。
- **要好懂**：用字要簡單，不要使用生澀難懂的字，消費者看不懂就記不住。
- **要好唸**：要有抑揚頓挫，名字唸起來有節奏感或押韻，會更容易朗朗上口。
- **要有趣**：善用「諧音」、「雙關語」發想，玩玩文字遊戲，會讓人覺得活動很有趣。

活動主題命名法4大絕招

命名法一：單刀直入

簡單地說，不拐彎抹角，不加過多修辭，直接寫清楚活動的訴求。這種命名法可從「**活動特色**」、「**活動辦法**」、「**給消費者的好處**」三個方向下筆。方向不同，寫出來的主題自然大不相同。

活動特色

直接從活動內容去想，這是個什麼樣的活動，讓人一看就懂。例如：

- 二〇一八台南心時代跨年晚會（台南市政府）
- 大家作伙來看戲（文化部）
- 小小店長體驗營，鬥陣全家見（全家便利商店）
- 全運躍動，精彩高雄（高雄市政府）
- 安怡超敢動，骨骼健康齊步走！（「安怡」奶粉）

活動辦法

如果這個活動必須透過某種「程序」或「方法」才得以參加，就可以使用這種寫法。但是參加辦法若太複雜則不適用，因為在規劃活動時，**參加辦法愈簡單，消費者的參與意願愈高**。

例如，「全聯福利中心」之前舉辦的活動，主題寫著：

身分證字號含以下數字
0、8、4、3、5、6、2、7、1、9
5 / 13-15購買全聯OFF COFFEE中杯熱美式
只要10元

各位有沒有發現，參加辦法的說明字數乍看有點多，可是仔細一看，會發現其實它很幽默，身分證字號上的數字從零到九全包括在裡頭，等於所有人都可以享有十元的優惠。但是比起寫「一律優惠」，它這樣的寫法，讓活動變得有趣多了。

一般常見的活動辦法當主題的案例還有：

好咖集點！消費滿$ 70送1點（Cama咖啡）

- 週三屈臣氏刷中信卡，單筆消費滿988元優惠2選1（「中國信託」信用卡）
- 週一刷國泰世華，樂天超級點數五倍送（「國泰世華」信用卡）

給消費者的好處

對消費者「強調好處」通常最具吸睛效果。這個活動可為消費者帶來什麼利益，把它寫出來就對了。這類活動多半是廠商為刺激銷售而舉辦的促銷活動。

例如當年「統一」曾經推出一個很受歡迎的促銷活動：

- 統一速食麵，蘋果在裡面！

活動主題所指的「蘋果」，當然不是真的水果，而是「統一」抓準時機，以「剛上市的iPhone手機」當贈品，透過消費者對「蘋果」的聯想，吸引消費者的目光。這個活動不但讓人印象深刻，朗朗上口的主題名稱也讓統一麵系列銷量提升不少。

二〇一七年過年期間，「樂事」洋芋片也推出一個促銷

活動，由於「好處」可以說是史無前例，一人中獎，多達四十人可同樂，大手筆的活動在當時引起不小的討論，廣告影片也拍得相當有趣：

- 一人中獎，40人同行，超嗨遊艇趴！

促銷活動的獎項如果很多，無法在主題命名上一次說清楚，可以改為「**多重送**」、「**三重送**」或是「**總金額高達**」等聳動說法，讓活動名稱更有看頭。

以下幾個案例就是很常見的說法：

- 永豐好房卡，好禮雙重送（永豐銀行）
- 百萬年終獎金大放送！（頂好超市）
- 空前優惠大回饋，TOYOTA讓你賺好大！（豐田汽車）

無論採取以上哪種命名法，一定要用最**簡單直白**的方式去寫，雖然單刀直入命名法是最常見的寫法，也是最平鋪直敘的寫法，但是愈簡單，消費者反而不用花太多時間去猜、去想。至於消費者會不會參加，就看活動本身能不能吸引人了。

命名法二：節日活動化

顧名思義，節日活動化就是將活動特色變成一個特別的「節日」。這種命名方式通常會在字尾冠上「節」、「祭」、「季」、「嘉年華」、「日」等字眼。

例如「台灣啤酒」幾乎每年都會舉辦「台灣啤酒節」以刺激銷售：

- 台灣啤酒節，萬人乾杯季（二〇〇九年）
- 青春好動，玩啤一夏，台灣啤酒工廠嘉年華（二〇一五年）
- 舞動青春，俏啤一夏，台灣啤酒嘉年華（二〇一六年）
- 不能只有我開心，台灣啤酒節（二〇一七年）

二〇一七年「台灣啤酒」找來五月天代言產品廣告，產品廣告後緊接著推出以「不能只有我開心」為主題的活動廣告，青春活潑的風格，企圖拉攏年輕學子。

以「節」為名的活動主題還有：「**BMW Care涼夏節**」、「**BMW Care 老友節**」、「**宜蘭國際童玩藝術節**」、「**福斯商**

旅老友感恩節」、「春浪音樂節」、「南投火車好多節」、「日月潭花火節」、「宜蘭蘭雨節」等。

以「祭」或「季」為名的活動則有：「UNIQLO感謝祭，夏季最強盛典」、「貢寮國際海洋音樂祭」、「大甲溪觀光文化祭」、「Mazda氣持祭」、「客家桐花祭」、「陽明山花季」等。

以「嘉年華」為名的也不少，例如：「台客搖滾嘉年華」、「墾丁半島音樂嘉年華」、「夏戀嘉年華」、「草悟道嘉年華」、「童話故事嘉年華」以及「跳島嘉年華」等。

近幾年來，以「日」為名的活動，當屬「統一．星巴克」買一送一的促銷活動最受注目，例如：「開工分享日，買一送一」、「星冰樂好友分享日，買一送一」、「熟客專屬，咖啡好友分享日」、「補班日好友分享，買一送一」，無論何時，「星巴克」幾乎都能找到話題作為「分享日」的主題。而活動的成功，不只為「星巴克」創造話題，提升銷售成績，「分享日」的促銷概念也引起跟風熱潮，其他業者也因借力使力嚐到不少甜頭。

命名法三：搭節慶

和節日活動化命名法類似的，則是搭配節慶。一年三百六十五天，**各種節慶都可拿來冠名**，從開春的春節開始，西洋情人節、兒童節、母親節、端午節、七夕情人節、中元節、父親節、中秋節、雙十國慶、週年慶、各種紀念日到歲末年終，全都可以拿來當作命名主題。

以「全聯福利中心」來說，幾乎一整年都可看見以節慶之名舉辦的促銷活動：

- 五月五歡慶端午
- 全聯鬼太郎，中元祈福祭
- 全聯萬聖果果節
- 超級週年慶，抽iPhoneX 64G

各大汽車品牌也是如此，一年四季幾乎都有健診活動，例如：

- INFINITI歲末酬賓免費健檢（裕隆日產汽車）
- TOYOTA歲末健診豐禮祭（豐田汽車）

- 開車大吉，春節健檢保平安（裕隆日產汽車）
- 沁涼夏，夏季免費雙效健檢（裕隆日產汽車）
- 愛車回家，歡沁暑駕，Volkswagen夏季健檢（台灣福斯汽車）
- 夏雨FUN心玩，雨季行車健檢（裕隆日產汽車）

如果覺得搭既有的節慶了無新意，或找不出適合的節慶，那就**自己創造節慶**吧！

「雙十一狂歡購物節」就是最好的例子。「雙十一」原本是中國象徵單身的光棍節（十一月十一日），屬於年輕人的娛樂性節日，但自二〇〇九年十一月十一日中國購物網站「淘寶網」將當天宣傳為「購物狂歡節」、舉行折扣促銷活動後，至今已發展成為商家年年必推、全球消費者年年必買的常態性「消費者節日」。從二〇〇九年「淘寶網」銷售額為五千兩百萬人民幣，到二〇一七年銷售額高達一千六百八十二億人民幣來看，即使是自創的節日，也能創造一片天。

命名法四：搭流行時事或諧音、雙關語

在活動命名裡，套上與活動特色有關的流行時事或諧音、雙關語，很容易在活動一曝光時就引起注意，成為熱門話題，並被牢牢記住。在發想這類命名時，建議各位先發想活動特色關鍵字，再找出「**同音異字**」去套上成語、俚語、俗語、流行語甚至電影名和人名等。

例如以諧音命名的活動主題：

- 中華三菱，「這夏OK」冷氣健診（中華三菱汽車）
- 和運「時」在超划算，每1小時只要199元（和運租車）
- 麥香「是麥喔」Smile開心大Fun送（「麥香」飲料）
- NISSAN春天嬉遊記，雨季．輪胎，免費行車安檢活動（裕隆日產汽車）
- 2017舊鞋救命公益路跑——全民舊鞋募集（貫勝世家）

以雙關語為主題命名的不少，例如：「裕隆日產汽車」就把香

港話「很厲害」的發音巧妙轉換成「厚塞禮」，感覺贈禮就很厚實大方：

- 聖誕月購車，NISSAN就是厚塞禮！

再例如「立康健康養生觀光工廠」針對猴年旅展舉辦的活動宣傳文案，也用了類似的雙關語當主題：

- 來立康，猴哩旺——福鹿吉象紅包免費送

「猴哩旺」取猴年和台語「乎你旺」的雙關語，福「鹿」則和福「祿」同音，「吉象」又和「吉人天相」有關聯，一個主題就用了好幾個雙關語。

「中華三菱汽車」在冷氣健檢活動，也用了雙關語的命名方式，將「能省則省」做了更改：

- 冷省．則省，中華三菱．免費冷氣健診

雙關語的命名方式，很容易讓人記住活動主題。

搭上時事便車，以流行的人、事、物和話題切入，也是另一個好記又有趣的命名方式。

例如「全家便利商店」在推出「寶特瓶飲料、冰品第二件六折」的活動時，找來當紅「兄弟象」球隊看板球星「恰恰」彭政閔代言。活動主題不但搭上時事明星，同時大玩「恰恰」雙關語，讓很多球迷在看到廣告的當下，都忍不住衝進便利商店，用行動支持「恰恰」，明星效應威力十足。朗朗上口的「兩件恰恰好」也成為日後兩件促銷慣用的流行用語：

- 全家兩件恰恰好，寶特瓶飲料冰品第二件六折

搭上流行時事而命名的活動，屢見不鮮，只要新奇、有趣，對於商品銷售或者動員民眾一起參加活動，都有很大的幫助：

- 88水災，全家總動員，一塊集愛心（全家便利商店）
- 來全聯抓寶，抽星巴克限量聯名保溫瓶（「木槿花」衛生棉）
- 夏日瘋奧運，好禮獎不完（全聯福利中心）

現在的消費者多半沒有耐性，不清楚的東西不會追究，不會有意願繼續看下去。因此最後再提醒各位，在為活動主題發想命名時，切記，**活動的目的宗旨一定要清楚**！如此一來，才能成功吸引消費者的目光。

Note

4

用金句SLOGAN擦亮你的品牌

幫你的品牌寫一句響亮SLOGAN

廣告標語（SLOGAN）或口號，意指**出現在企業商標後面的短語或句子**。也常被運用在品牌、產品甚至個人，像是「台灣之光」王建民、「超馬英雄」林義傑。

標語的目的在於**總結廣告訊息**，或者針對品牌價值、企業精神、產品特色、承諾或訴求等，給予一句**精扼的陳述**。例如，「麥斯威爾」咖啡的電視廣告，總是會在片尾出現「滴滴香醇，意猶未盡」當作結語。「滴滴香醇，意猶未盡」就是「麥斯威爾」的品牌標語。

當消費者來不及記住廣告內容時，透過廣告標語，可更快速地辨認出或記得品牌或產品。品牌標語一旦確立，就必須如影隨形地跟著品牌商標出現在任何廣告媒體中，唯有如此，品牌標語才有存在的意義。而且要讓廣告標語發揮最佳效用，就必須在相當長的一段時間內，不斷反覆灌輸給消費者看。

品牌標語不能三天兩頭就換一句，必須**靠長期的露出，才能累積品牌印象**。不過時間一久，也要**根據時代變化，適時做出改變**，才能屹立不搖。例如，現今在大街小巷，每走幾步路就會看見的「7-ELEVEN」。你有沒有注意到他們的品牌標語更換過幾次？

案例 從理性到感性，「7-ELEVEN」品牌標語因應時代而改變

「7-ELEVEN」從創立以來，其實換過至少三次品牌標語。

如果有點年紀的朋友，應該看過「7-ELEVEN」早期門口掛著「營業24」的招牌，當時的標語是「**您方便的好鄰居**」。這個標語從一九八五年就開始沿用直到一九九〇年。

「您方便的好鄰居」其實是直接翻譯美國總部當年使用的「Your Good Neighborhood!」除了符合品牌全球形象策略外，「統一」也想透過這句標語讓消費者明白「7-ELEVEN」是什麼樣的商店。**告訴消費者「我是誰」，即是品牌標語當時的首要任務**。

當年，消費者只要有需求，通常會到樓下或巷口的傳統「柑仔店」購買。一天的生活幾乎少不了它，「柑仔店」就像我們的「好厝邊」（好鄰居）一樣。「7-ELEVEN」為了迅速建立品牌認知，強化勝於傳統「柑仔店」的優勢，用「**營業時間24，您方便的好鄰居**」這句話，清楚地傳達「好方便」和「好鄰居」兩種意念，也強調全天不打烊，隨時都可買到東西的經營優勢。

接著一九九一年，標語更改為「**有7-ELEVEN真好！**」這句標語同樣來自品牌全球形象策略，翻譯自美國區的標語「Oh! Thanks Heaven! 7-ELEVEN」。

為什麼更換標語呢？主要是因競爭環境的改變。緊接著「7-ELEVEN」之後，其他連鎖超商品牌也跟著進入市場，同時跟進二十四小時營業，使原本「7-ELEVEN」的優勢已不再獨一無二。為建立品牌差異，「7-ELEVEN」改以心理訴求，跳脫傳統宣傳「我們有多好多好」的功利性，**從消費者的感受切入，拉近與消費者的距離**。

相信很多人都有這樣的經驗，當我們走在前不著村，後不著店的地方，突然碰到大雨，這時忽然發現前方有家「7-ELEVEN」，在那裡不僅可以遮風擋雨，還可以買到食物、喝到熱飲，讓身心得到溫暖和放鬆，這時心裡一定會忍不住讚嘆：「啊，有7-ELEVEN真好！」

「有7-ELEVEN真好！」貼切地引起消費者的共鳴，也讓「7-ELEVEN」的品牌位階從「理性」轉為「感性」。這句話喚醒消費者心底「曾深受感動的一瞬」回憶，成功打進消費者心中，直到二〇〇七年，才再更換成「Always Open, 7-ELEVEN」。

「7-ELEVEN」從「我是誰」的角度寫出「**您方便的好鄰居**」，無時無刻亮著的招牌，彷彿是每個人的左鄰右舍般方便。「**有7-ELEVEN真好！**」則從「我可以為你做什麼，可以為你帶來什麼感覺」切入，成為一種企業經營的承諾，打造出消費者心

中的歸屬感。「Always Open, 7-ELEVEN」則呼籲社會「Open Mind」（敞開心胸），把「7-ELEVEN」的位階拉到更高層次，提出了「我對社會有什麼看法或觀點」，透過企業對整個社會的關心與期望，鞏固領導者的地位。

從理性到感性，「7-ELEVEN」品牌標語跟著時代在改變，也讓人見識到這個領導品牌在行銷策略與品牌規劃上的遠見與高度。

廣告SLOGAN的撰寫原則

廣告標語以一句簡單濃縮語句的形式呈現。要在品牌眾多的飽和市場上，讓人**秒懂產品特色或品牌價值，且牢牢記得品牌名稱並深獲好感**，廣告標語在撰寫上，最好能記住以下幾個原則：

一、選字簡單

愈簡單、愈常見的字彙愈好，要讓人一看就懂。例如「麥斯威爾」咖啡的「**好東西要和好朋友分享**」、「台新銀行」的「**認真的女人最美麗**」、「海尼根啤酒」的「**就是要海**

尼根」等都不是陌生的字眼，可以消除溝通上的疑慮。

即使英文標語也一樣，例如「蘋果」電腦的「Think Different.」、「耐吉」球鞋的「Just Do It.」和「7-ELEVEN」的「Always Open」等，都是廣大消費者一看就懂的字彙。

使用的字數沒有一定的標準，但一般廣告公司的文案人員都會**控制在十二個字以內**。愈簡短有力愈好記，太長則較難讓人記得。

二、押韻順口

要讓標語順口，「押韻」是非常重要的技巧。發音不容易、讓整句標語唸起來變得拗口的字詞，建議不要用；最好選擇有韻腳的字詞，讓標語更容易被記住。像是「戴比爾斯」（De Beers）鑽石的「**鑽石恆久遠，一顆永流傳**」、「白蘭氏」雞精的「**健康事，交給白蘭氏**」以及「英國保誠人壽」的「**用心聆聽，更知你心**」等。

使用韻腳除了讓句子好唸、好聽之外，字數較多的標語也會因為韻腳而變得容易被記住，例如「雅虎奇摩」的「**什麼都有，什麼都賣，什麼都不奇怪**」和「329許榮助寶肝丸」的「**肝哪沒好，人生是黑白的；肝哪顧好，人生是彩色的**」都是很好的例子。

三、訊息清楚

標語最重要的目的，就是表達出品牌想和消費者溝通的訊息。以「7-ELEVEN」為例，第一代標語「**您方便的好鄰居**」訴求二十四小時營業不打烊，定位自己為「好鄰居」；第二代標語「**有7-ELEVEN真好**」則是貼近消費者，訴求承諾，能帶給消費者更好的感受；為了展現企業的企圖心，第三代標語「**Always Open**」則是企業對於整個社會的關心與期望，也對社會提出呼籲，以「Open Mind」的態度來看事情。每一代標語都傳達出清楚的訊息。

四、符合時代

每個時代都有不同的流行文化和用語，如果標語用字太過老舊，難免讓人以為品牌過氣，或有企業不求進步之虞。以「統一」企業為例，早期標語為「飛向健康快樂的21世紀」，而如今早已是二十一世紀，如果繼續沿用這個標語，就不合時宜了。統一企業當然明白這個道理，如果各位有注意到的話，早在好幾年前，企業的標語已經更換為「**開創健康快樂的明天**」了。

迅速發想SLOGAN的11種切入法

那麼，標語是怎麼想出來的？各位還記得第一章介紹的5W嗎？從其中的「WHAT」（要說什麼）裡去挖、去找，找出你最想傳達的訊息，一一列出來，找到切入點後，再下筆撰寫。

如果各位一時不知如何著手，可以參考以下整理的十一種切入法，試著練習寫看看。如果可以，至少寫出十一種句子，或許可以從中挑出最響亮的廣告金句。

SLOGAN撰寫切入法一：獨特賣點

如果你的產品很強、擁有獨特賣點或獨特銷售主張（Unique Selling Proposition，通常簡稱USP），是其他品牌所沒有的優勢，就用一句簡潔有力的句子，直接把這個賣點寫出來。

案例　青菜底加啦

棒球明星張誌家代言的「波蜜」果菜汁廣告，除了朗朗上口的旁白「三餐老是在外，

人人叫我老外，老外、老外、老外……」讓人印象深刻外，廣告另一句旁白「**青菜底加啦**」也令人難忘。

「波蜜」果菜汁一直主打低價、本土形象，從當年上市的廣告至今，一直保留「均衡一下」的訴求與主張，不斷提醒消費者「飲食均衡」的重要。「老外」系列廣告，更是強調產品最強賣點、凸顯與其他競品最大的不同——「**青菜底加啦**」。廣告文案不僅未牴觸原有品牌形象，還加以延伸、活化，讓老品牌再度活了過來，傳頌街頭巷尾。媒體的「聲量」（Share of Voice）搶到了，也因為精確打中外食族和健康概念興起，市佔也跟著起色不少，成功定位為親切活潑的本土品牌。能有這樣的好成績，以產品賣點（USP）為訴求的標語「**青菜底加啦**」可說功不可沒。

其他更多案例如：

- 你講台語嘛也通（西北航空）
- 什麼都有，什麼都賣，什麼都不奇怪（「雅虎奇摩」拍賣）
- 不卡紙，更順心（「Double A」影印紙）
- 一把抵兩把，何需瑪麗亞（「3M」魔布強效拖把）
- 小而美、小而冷、小而省（「新靜王」冷氣機）

列出產品所有特色，然後挑出其中最厲害的那一個，寫成句子並讓它口語化。

SLOGAN撰寫切入法二：唯我獨尊

如果你的產品在市場上沒有獨特賣點（USP），也不是先發品牌或是第一品牌，可用**自壯聲勢的霸氣口吻**去寫，以「**我才是最好的**」這番氣勢吸引消費者的注意。

案例 就是要海尼根

在酒類市場還未開放以前，「台灣啤酒」在市場獨大；酒類市場一經開放後，「麒麟啤酒」和「海尼根啤酒」很迅速地在台灣佔有一席之地。尤其「海尼根啤酒」的廣告特別搶眼，充分掌握產品的個性，也展現出屬於年輕人的活力。以標語「**就是要海尼根**」為訴求的系列廣告，更是時下年輕人的熱議話題。

例如當中有支廣告，特別請到美國當紅影集「六人行」的女主角珍妮佛・安妮斯頓（Jennifer Aniston）擔綱演出。場景選在超市中，一名身穿低腰褲的女子正試圖拿那瓶放

在貨架最上層的「海尼根啤酒」，而展露出姣好的腰部曲線。一旁風度翩翩的男士體貼地過來為她解圍，正當大家預期兩人會有所互動時，男子竟然選擇拿了僅剩的兩瓶「海尼根啤酒」，轉頭就走，令觀眾會心一笑。影片巧妙詮釋了「**就是要海尼根**」的精神。

「海尼根啤酒」面對台灣在地最強的競爭對手「台灣啤酒」，使用「**就是要海尼根**」當標語，**以年輕自信的態度和「我才是唯一選擇」的霸氣口吻**向消費者喊話，果然成功吸引年輕族群的青睞與認同，在進口啤酒中穩坐第一寶座。

其他更多案例如：

- 紙有春風最溫柔（「春風」面紙）
- 新安東京海上產險，就是比較好（新安東京海上產險）
- 世事難料，安泰最好（安泰人壽）
- 這不是肯德基（肯德基）
- 好湯在康寶（「康寶」濃湯）
- 只有遠傳，沒有距離（遠傳電信）
- 華碩品質，堅若磐石（華碩電腦）

連結「品牌名」，用「唯一選擇」的語氣。

SLOGAN撰寫切入法三：消費者利益（理性面）

如果產品的功能或機能很強，能帶給消費者非常顯著的利益或效果時，記得用很「理性」的口氣，簡單、清楚，直接把好處寫出來。

案例　止嘴乾又不礙胃

不知道大家對「愛之味．麥仔茶」早期的廣告有沒有印象？一堆猛男模特兒上身半裸，在很像西部的地方騎著馬，壯碩的胸膛汗水淋漓，背景還不時傳來台語「嘴乾」的旁白，最後一堆猛男露胸、秀出產品名稱，然後補上經典台語旁白「**灌灌灌吼伊搭～愛之味麥仔茶**」……，大家都想起來了嗎？

「嘴乾」是「愛之味．麥仔茶」上市以來一直強調的訴求，在初期的廣告影片裡，並未將產品能帶給消費者什麼樣其他的好處或利益直接點名出來。直到藝人澎恰恰代言，拍

了一支在喜宴會場喝麥仔茶的廣告後，消費者才從廣告旁白「**止嘴乾又不礙胃**」得知，原來「愛之味．麥仔茶」不但能幫助解渴，還不會傷胃。

廣告台詞「**止嘴乾又不礙胃**」不僅將產品功能與消費者利益精準地傳達給消費者，成為朗朗上口的經典廣告金句，也讓往後的喜宴場合或宴客餐廳桌上都會擺上幾瓶「愛之味．麥仔茶」，成功地讓「愛之味．麥仔茶」登上麥茶市場第一品牌，更意外捧紅當時和澎恰恰一同拍攝廣告的外國人「夏克立」，成為當年電視節目的新寵兒。

其他更多案例如：

- 回甘，就像現泡（「統一」茶裏王）
- 一人吃，兩人補（「善存」新寶納多）
- 真的快，好厲害（「愛普生」印表機）
- 明天的氣力（「保力達」保力達B）

1 2 3 4 5 6 7 8

不要貪心地想把全部好處都寫進去，訴求愈專一愈好！

SLOGAN撰寫切入法四：消費者利益（感性面）

產品的機能性強，帶給消費者的利益非常顯著，但又不想採強迫式的理性訴求，或與對手具類似或相同的賣點時，可用「感性口吻、軟性訴求」來強化認同。

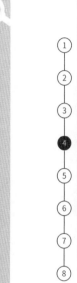

案例 你累了嗎？

「**你累了嗎？**」說起這句經典台詞，各位腦海中大概都會有一支「保力達．蠻牛」的廣告浮現，而且想起內容都會不禁會心一笑。「蠻牛」是製藥起家的「保力達」，轉型為大眾所知的飲料公司後，所推出的機能性飲料。一支支寫實的廣告不但深植人心，開創該公司飲料市場新契機，更攻佔機能性飲料市場的龍頭地位。

仔細觀察「蠻牛」多年來的經典廣告，不難發現廣告題材始終圍繞在市井小民的日常，主角通常都會因為精神不濟造成失誤，這時經典台詞「**你累了嗎？**」一出，搭配「蠻

牛」飲料，主角便會以誇張的形式恢復精神，就像卡通《大力水手》中的菠菜，喝了「蠻牛」就會讓人像「卜派」一般精力充沛。

既寫實又有趣的廣告風格，加上朋友般關懷語氣的旁白：「**你累了嗎？**」不但讓廣告一炮而紅，也讓「蠻牛」成為機能性飲料的代名詞。

其他更多案例如：

- 靜得讓您耳根清靜（「松下電器」冷氣機）
- 就在你左右（第一銀行）
- Trust me, you can make it.（媚登峯）

句中加入你、我、他，語氣像是和朋友面對面講話。

SLOGAN撰寫切入法五：搏感情（拉近距離）

產品利益已經為人熟知，或根本沒有獨特賣點，或只想提升品牌好感度時，就用「搏感情」的方式爭取認同，讓消費者覺得**產品跟他「同一掛」**。

案例 乎乾啦！

「有緣，無緣，大家來作伙，燒酒喝一杯，乎乾啦～乎乾啦～」這首在當年廣為流傳的歌曲到了今日，相信不少人聽到旋律，還是會不自主地跟著哼唱起來吧？

「**乎乾啦！**」這句廣告詞，是「麒麟啤酒」根據長久以來的觀察而來。大部分的消費者在酒過三巡，熱鬧歡娛的氣氛中，很自然地就會說出「**乎乾啦！**」三個字來互相勸酒，這三個字將台灣喝酒文化描繪得很貼切，於是「麒麟啤酒」決定使用這個點來切入市場。

由於產品特色是「萃取第一道麥汁」，廣告概念以「回歸本土、人性關懷」，口感很真、很純作為表現基礎，捨棄一般廣告採用的偶像明星，改鎖定藝文人物來帶動商品。於是予人純真、本土形象的作家吳念真脫穎而出，成為「麒麟啤酒」的最佳代言人，麒麟啤酒並請來知名導演侯孝賢掌鏡，連拍了三支廣告影片「創作篇」、「香魚篇」、「朋友篇」。廣告不但掌握了「麒麟一番榨啤酒」的基調，更創造了熱門話題，片尾歌曲〈流浪到淡水〉中的歌詞「**乎乾啦！**」也獲選為廣告流行語金句。

來自日本的「麒麟啤酒」以「**乎乾啦！**」深耕在地，和台灣消費者搏感情，不僅成為大街小巷、耳熟能詳的廣告語、應酬話，打響了「麒麟啤酒」這個品牌，也在當年為「麒麟啤酒」締造高達三百三十萬箱的銷售佳績。

其他更多案例如：

- 福氣啦（「三洋」維士比）
- 足感心（全國電子）
- 都是為你（麥當勞）

用熟悉的生活用語、口頭語去改寫或套用。

SLOGAN撰寫切入法六：提出看法或主張

當品牌利益與競品差異不大時，對消費者提出一種情感面的生活態度或主張看法，可以產生**對品牌認同與情感投射**的效果。

案例 不在乎天長地久，只在乎曾經擁有

「不在乎天長地久，只在乎曾經擁有」，相信成長於八、九〇年代的香港人和台灣人，都對這句經典廣告對白印象深刻。這句響亮的標語，來自「鐵達時」錶的經典廣告「天長地久」系列。

該系列廣告是由香港知名廣告人朱家鼎和他的創作團隊打造，共拍了三支，最為台灣觀眾喜愛的是一九九三年周潤發與吳倩蓮的版本，以為人津津樂道的電影拍攝手法，和蕩氣迴腸的兒女情長劇情，配上**「不在乎天長地久，只在乎曾經擁有」**這句經典旁白，深入人心，賺取不少觀眾熱淚，也為品牌殺出一條血路。

令人動容的廣告，讓「鐵達時」錶成為浪漫與永恆的代名詞，經典的標語**「不在乎天長地久，只在乎曾經擁有」**更成為男女之間為愛勇往直前、奮不顧身的最好說詞。

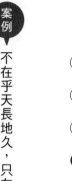

案例 三不五時，愛要及時

「三不五時、愛要及時」是一句發人深省的標語，蟬聯好幾年「廣告流行語金句獎」，也是「全球人壽」發起的「三不五時、愛要及時」關懷爸媽運動。

「三不五時」其實來自台語慣用生活用語，廣告商則給予新的詮釋，提出「三不」：**不讓爸媽生氣、不讓爸媽孤單、不讓爸媽擔心**；以及「五時」：**時時照顧爸媽、時時傾聽爸媽的心聲、時時關心爸媽、時時與爸媽談心、時時陪伴爸媽**的口號。

「全球人壽」希望藉由廣告訴求「**三不五時、愛要及時**」，呼籲消費者隨時隨地傳達自己對爸媽的愛，哪怕是一句簡單的問候與關懷，都能讓父母倍感窩心。

這個響亮的廣告金句，當年不只喚起了子女們對父母的關懷之情，也為「全球人壽」的品牌形象贏得更多美聲。

「三不五時、愛要及時」自二〇〇五年開始推動到現在，從一句廣告標語，到現在幾乎人人耳熟能詳，原因除了廣告、活動宣傳的努力之外，標語「三不五

時、愛要及時」的淺顯易懂以及意義深遠，才是廣告成功的最主要關鍵。

其他更多案例如：

- 開口說愛，讓愛遠傳（遠傳電信）
- 這世界上最重要的一部車，是爸爸的肩膀（中華三菱汽車）
- 再忙也要和你喝杯咖啡（雀巢咖啡）

> 動之以情，放感情去寫，更容易牽動人心，引起共鳴。

SLOGAN撰寫切入法七：企業觀點

當產品成為（或即將成為）領導品牌時，可以站在業界的制高點上，以理性訴求或思考，提出觀點或呼籲，一來展現品牌高度，二來穩固地位。

案例 用好心腸，做好香腸

「黑橋牌」香腸是台灣本土加工肉品的領導品牌，在台灣無人不知、無人不曉，也是

年節送禮的好選擇。即使在食安風暴襲捲全台，許多國家將台灣食品拒於門外之際，「黑橋牌」卻能獲得海外客戶力挺，在全香港九十多間「惠康」超市持續上架。在不被相信的年代，「黑橋牌」能做到讓人信賴，其實真的要歸功於「**用好心腸，做好香腸**」的堅持。

一九五七年，「黑橋牌」只是一家在台南運河旁俗稱「烏橋仔」的地方成立的簡單肉品加工廠，後來才開始使用當日新鮮現宰的豬肉來醃製香腸。由於當時加工廠沒有招牌名稱，人們只好以「烏橋邊香腸」的好滋味口耳相傳，後來開設第一家門市時，便「順應民意」以「黑橋牌」為店名。

創辦人對肉品原料非常堅持，一定選擇當天現宰新鮮好豬肉製作香腸，這樣的信念也是廣告標語「**用好心腸，做好香腸**」的來由。

台灣連年經歷病死豬、黑心油事件，「黑橋牌」食品仍能在加工肉品市場屹立不搖，成為台灣肉品的代名詞，除了產品力強、口碑好，「品牌標語」也確實在重要時刻發揮安定民心的力量，並以實力證明了「黑橋牌」食品「**用好心腸，做好香腸**」的承諾。

其他更多案例如：

- 過年也要和好朋友團圓（「黑橋牌」食品）
- 認真的女人最美麗（台新銀行）
- 科技始終來自於人性（「諾基亞」手機）
- 不放手，直到夢想到手（「黑松」沙士）
- Just Do it（耐吉）
- 沒有不可能（愛迪達）

從社會趨勢或關心的議題裡找題材，較容易引起共鳴。

SLOGAN撰寫切入法八：找諧音

從產品或品牌想要傳達的**特色**、**賣點**、**訴求**、**主張或觀點**裡頭，去找相關的諧音，用雙關語的形式去套用。

案例 蝦味先，呷未厭

一提到「蝦味先」這個已有四十六年歷史的國民零嘴，很多人都會想到它的廣告，一個不倒翁老人和嚎啕大哭的小孩爭搶「蝦味先」的畫面，搭配「大人、小孩都愛吃」的廣告台詞，及結合產品名字的標語——**「蝦味先，呷未厭」**，不僅成功塑造廣告形象，也讓出產「蝦味先」的「裕榮食品」，單靠這個產品就在食品界屹立不搖幾十年。

「蝦味先」唸起來和台語的「呷未厭」諧音，有「吃不膩」的意思，把「呷未厭」當標語，消費者不但能秒懂產品利益，同時也一下子就能記住產品的名字，是一句很棒的標語。

可惜，二〇一七年因使用過期的食品添加物，被勒令全面停工，回收市面上所有產品，數十年的商譽毀於一旦。

其他更多案例如：

- 有你真好（Uni台灣三菱鉛筆）
- 百服寧、保護您（百服寧）

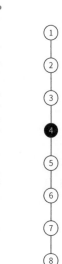

- 愈呷愈好呷（台語）（77乳加巧克力）
- You Are So Beautiful（阿瘦皮鞋）

善用國、台、英或流行語去組合，但要注意韻腳。

SLOGAN撰寫切入法九：繞口令

把產品或品牌的特色、賣點、訴求、主張，用繞口令的寫法，或找歇後語去套用。

案例　什麼都有，什麼都賣，什麼都不奇怪

在谷歌（Google）出現以前，「雅虎奇摩」是「很大」的入口網站，大到幾乎就是台灣網路市場的代名詞。當時在台灣，每一百個上網人口，就有九十七人造訪「雅虎奇摩」，每天進出「雅虎奇摩」網頁的人次高達七百萬，上班族瀏覽新聞、青少年交友、甚至小學生查資料，

不論問吃的、找玩的，都上「雅虎奇摩」網站。

而讓「雅虎奇摩」一戰成名的則是網路拍賣，打著「**什麼都有，什麼都賣，什麼都不奇怪**」的口號，「雅虎奇摩」拍賣將這種讓賣家上網拍賣東西的網路交易模式，深植到每個人的心中。

「雅虎奇摩」拍賣網站標語——「**什麼都有，什麼都賣，什麼都不奇怪**」不但成為流傳至今仍朗朗上口的流行語，更使得當年的「雅虎奇摩」網路拍賣成為台灣市場第一，快速的成長與佔有市場，也讓當時全球最大的拍賣網路公司「eBay」在台灣毫無招架之力，進而黯然退出。

其他更多案例如：

- 有點黏，又不會太黏（中興米）
- 不在辦公室，也能辦公事（中華電信）
- 正反，反正，都很正（「易利信」手機）
- 有R380數位助理，何需助理數位（「易利信」數位助理器）
- 拍誰、像誰、誰拍誰、誰都得像誰（「柯尼卡」軟片）

前後文字須呼應，最好還能彰顯產品的最大特色。

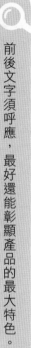

SLOGAN撰寫切入法十：玩Name Game

顧名思義，就是搭品牌或產品名稱的便車，**運用「品牌或產品名稱」形成專屬標語**，別人想搶也搶不走。

案例　格上租車，閣下至上

提到「格上租車」，相信大家一定能聯想到「**閣下至上**」這句標語。「格上租車」是台灣「裕隆集團」底下的汽車租賃公司，取品牌名「格上」的諧音提出「**閣下至上**」口號，巧妙連結了品牌名稱、品牌定位及能提供消費者「**閣下至上**」般禮遇的品牌價值，是一句**用字精準**、**簡單好記**、**但又富含意義**的漂亮標語。

尤其廣告影片「升格篇」，從品牌名稱發展創意，利用趣味的積木手法深化「格」字的記憶，把「Name Game」這一招發揮得淋漓盡致，不僅創造出「格上租車」獨有的品牌

辨識度，也與競品廣告創造出極大的差異化。

「格上租車」電視廣告「升格篇」文案這樣寫：

> 天氣**格**外美好，假期**格**外稀少，童年可不能停**格**。
> 還好有格上租車，人車合一，服務獨樹一**格**。
> 隔壁鄰居也問，為何愛車獨留停車**格**？
> 因為出門不怕**格格**不入，全程享受順暢好風**格**。
> 您租車升**格**了嗎？格上租車，閣下至上。

整支廣告把「格」字全寫進去，你想，觀眾會不記得嗎？

其他更多案例如：

- 沒事多喝水，多喝水沒事（多喝水）
- 富貴要人幫（富邦）
- 萬事皆可達，唯有情無價（萬事達）
- 全家就是你家（全家便利商店）
- 窈窕非夢事（菲夢絲）

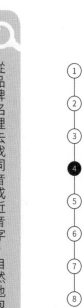

從品牌名裡去找同音或近音字，自然地包覆其中，讓這句話饒富意味。

SLOGAN撰寫切入法十一：前後對比或對仗

強調產品使用的特色或使用前後的差異，用寫對聯的方式去設計對比或對仗的語句。

案例　肝哪沒好，人生是黑白的；肝哪顧好，人生是彩色的

在新北市開設中藥行及中醫診所的許榮助醫生，三、四十年前推出「許榮助寶肝丸」，廣告台詞「**肝哪沒好，人生是黑白的；肝哪顧好，人生是彩色的**」紅遍大街小巷，不僅喚起國民對肝的重視，也獲得多次廣告流行金句獎，甚至連小學生造句也會用「人生是彩色的、黑白的」來作為譬喻。

為什麼「329許榮助寶肝丸」，要叫「329」？原來當年的許榮助寶肝丸設定的目標，是期許產品能讓民眾保持年

輕人一般的活力，於是選擇了「329青年節」中的「329」來作為產品名稱，而這也是全國第一次以數字作為產品品名。當年由於行銷手法創新，品牌名稱特別，再加上朗朗上口的廣告標語，很快地就讓「329許榮助寶肝丸」成為全國最受矚目的保肝藥品，也因此喚起民眾對肝的重視。

其他更多案例如：

- 經常被模仿，從未被超越（雅鼎家具）
- 捐血一袋，救人一命（捐血協會）
- 他傻瓜，你聰明（「柯尼卡」軟片）
- 現在的nobody，未來的somebody（「第一銀行」增資卡）
- 別讓今天的疲勞，成為明日的過勞（「葡萄王」靈芝王）

前後文字要能呼應，以彰顯用與不用的前後落差。

關於SLOGAN幾個小結論

深獲好評的廣告金句通常具有獨創、幽默、親近等要素，不但拉近與消費者的距離，也讓人想要一窺究竟。各位在發想標語時，請記得：

- 盡量控制在十二字以內。
- 把握口語化、有趣的原則。
- 最好能反映當下流行文化，才能過目不忘。

只要保握上述原則，試著參考以上十一種切入手法，各位一定也能發想出令人難忘、朗朗上口的響亮金句！

5

用廣告標題吸睛再吸金

百分之五十到七十五的廣告效果，來自**標題的力量**。若無法在三秒內吸引消費者注意標題，廣告文宣所花的錢就等於付諸流水。標題在大部分的廣告中都佔有極重要的地位，它是決定消費者會不會繼續將一篇廣告文案看完的重要關鍵。無論你的內文文案寫得多精彩、多具說服力，或者產品功能多厲害，如果標題無法吸引人們的目光，廣告就只能宣告失敗。

下標題前，先在腦海裡勾勒出完整文案架構

一篇完整而且吸引人的廣告文案，通常暗藏許多策略思考。除了標題具有吸睛、篩選目標消費者的功能外，讀者也能從完整文案架構中得知產品名稱、產品特色、給消費者的利益、產品使用方式與時機、甚至品牌價值與企業精神。

以常見的平面廣告來說，廣告文案可以分成四大區塊：

一、標題文字區

包括前標題、主標題、副標題與小標題：

- **前標題**（Pre-Catch）：提示或引導用，通常出現在主標題之前。為不喧賓奪主，前標題字體設計上較主標題或副標題還小。
- **主標題**（Catch／Headline）：**所有的光芒都聚焦在這一句話中**，設計字體時通常會以最明顯或最大字形呈現。
- **副標題**（Sub Catch／Sub）：主標和內文的橋樑，具濃縮廣告策略與詮釋廣告概念的功能。副標題講重點、重主題敘述，通常主要目的是把產品特色及名稱帶出，字體設計上則較主標題略小一些。
- **小標題**（Headline）：通常是用在商品功能條列式的說明上。

二、內文文字區

包括內文與聲明：

・**內文**（Copy／Body）：標題文字沒能講完的，可以在這裡一次講明白。內文目的在於將產品概念說明清楚，讓消費者進一步認識產品名稱，以及能為他們帶來什麼好處。下筆前最好**先擬定文案的起承轉合**，以使文案順暢。內文的語氣和風格要和標題一致，字體設計上則較副標題小一些。

・**聲明**（Claim）：運用在系列稿居多。系列廣告的每一篇內文結尾處，都會以一句話當作最後的結論，這句結論可能是廣告主張，也可能只是產品標語。

三、提醒文字區

主要為醒題：

・**醒題**（Pattern）：顧名思義，就是具有提醒功用的文字，通常會使用**引發購買慾或強調價格**、**日期**的詞彙，例如：新上市、限量發行、物超所值、劃時代、限時免費、機會不再等。在字體設計上通常會以反白字或較顯眼的色塊獨立出來，以吸引讀者的注意。

四、基本文字區

包括基本資料與標語：

- **基本資料**：通常包括品牌商標、公司名稱、地址、電話（含消費者服務專線、免付費電話）、網址、電子信箱等。
- **標語**（Slogan）：標語多半緊跟在產品商標或產品包裝旁。

以先前介紹過的「好自在」衛生棉系列廣告「要刻薄篇」文案為例：

前標題：好自在美女少女守則第一條

主標題：要刻薄

副標題：棉片要刻意很薄

內　文：小花說她每次「那個」來，都粉想寫信謝謝好自在，發明又薄又吸水的ㄇㄧㄢˊ片！我覺得小花電視看太多了，她今天還學廣告剪信封，把瞬捷吸收層、吸水珠珠快速鎖水的神蹟ㄒㄧㄢˇ相給大家看，God！萬一她發現我用好自在，一定會逼我寫信，我、我、我……頭好痛喔！

聲　明：棉片最薄，保護最多

「好自在」衛生棉在當年推出了一系列以「少女」為主要消費者對象的廣告稿文案。主標題和副標題用了當時年輕族群最流行的「白癡造句法」來寫，廣告刊登後，果然吸引不少年輕女學生的目光。

內文則是站在女學生自述的角度，進一步說明產品的使用經驗和帶來的好處，還故意穿插年輕學生愛用的「注音文」，詼諧、輕鬆、搞笑與自嘲的口氣，令人看完文案忍不住會心一笑。最後內文結尾處除了放上產品包裝外，也放上產品標語當作所有系列廣告的共同聲明。

我們再看同系列的另一篇「不厚道篇」：

前標題：好自在美女少女守則第二條

主標題：不厚道

副標題：不跟厚的棉片打交道

內　文：說到厚棉片，Sorry，我再也不會跟它做朋友了！感覺粉不舒服，還被小花笑走路像唐老鴨，我現在是一心一德，貫ㄔㄜˋ始終，只用粉薄、粉吸水的

好自在，呵呵呵，它的瞬捷吸收層裡面，真的有吸水珠珠，God！粉會鎖水喲。水喲！不厚道的女人最美。

聲　明：棉片最薄，保護最多

「好自在」衛生棉系列廣告文案架構相當完整。只是不知道各位是否也看得出，這系列廣告文案其實隱藏了**5W的策略思考**呢？

寫好標題的4門重要功課

一、大量閱讀

廣告文案寫的是商品，因此寫文案前一定要先**了解商品**；廣告文案是寫給目標消費者看的，因此寫文案前也一定要先知道**你要跟誰說話**。只要掌握住這兩大原則，找出你能取得的所有相關資訊，包括產品介紹、產品試用心得或體驗報告、競爭對手的產品分析、消費者的生活、使用或購買心態、所有相關產品的廣告表現（包括電視、平面、廣播、戶

外、網路等），將手上擁有的所有資料仔細閱讀至少二到三遍以上，通常寫出來的文案不會差到哪裡去。

二、不斷撰寫

消化你所閱讀後的內容，挑出產品特點，找觀點、找議題、找立場、找角度、找語調、找切入，**寫下你所能想到的每一種標題，試著寫出至少十句以上不同的標題**。

三、寫出節奏

好的標題和文案，具有節奏與律動。只有掌握文字節奏與律動——包括字數長短、字的聲調發音以及句子起承轉合——才能打動人心。只要依循下列幾點原則，各位也能寫出有節奏、有律動，能打動人心的好標題：

(一)句子簡短，直接切中要點。例如：

- Small but Tough（福斯汽車）
- 吃我！吃我！吃我！（紐西蘭奇異果）

(二)使用主動及肯定的語態，即使是用否定的字眼，也要傳達正面感受

肯定的語句，例如：

- 知識使你更有魅力（中國時報）
- 腳下見真章（K・Swiss）

否定的語句，例如：

- 如果你以為有五條線的傢伙就是K・Swiss，小心被仿冒的鯊魚咬到（K・Swiss）
- Fake hurts real（愛迪達）

(三)平行對比（對仗）結構。例如：

- 不咆哮，毋寧死（賓士汽車）
- C型人生，精采演繹（賓士汽車）
- 多喝水沒事，沒事多喝水（多喝水）

(四)字尾押韻。例如：

- 保健做得好，醫生看得自然少（「葡萄王」靈芝王）
- 皮厚，子彈也打不破（「柯尼卡」相片）

- 用好心腸，做好香腸（「黑橋牌」香腸）

㈤俏皮話、雙關語或文字遊戲。例如：

- 和平、奮鬥、救中文（「易利信」手機）
- 不只辣嘴巴（「統一」辣阿Q桶麵）
- 每10個國小兒童就有3.3人，早上天天包水餃（「葡萄王」蟲草王）

【包水餃：意指孩童過敏體質早上常「擤鼻涕」】

四、客觀改寫

初次寫完標題後，建議各位先將標題靜置一晚，隔天再看一遍時，試著忘掉是自己寫的，然後從中挑出較好的句子，再做改寫、濃縮、精煉、算字數、刪減及文案視覺化。盡可能**客觀看待自己的文案**，如果無法客觀看待自己的作品，把稿子給他人看。最後再做細微調整。

好標題具有3大功能

雖然好標題的主要目的在於獲得注意，讓消費者願意繼續看下去，但其實一個好標題，同時具有三大功能：

一、吸引讀者注意

標題最大的功能就是獲得注意。標題的技巧有很多，在後面的章節會介紹給大家不同的標題技巧。最能吸引消費者的方法則是透過「**產品能夠帶給消費者什麼利益**」來獲得讀者的注意。以下幾個標題都屬於這一類型：

- 只溶你口，不溶你手（「M&M's」巧克力）
- 學琴的孩子不會變壞（山葉鋼琴）
- 加速遙遙領先，用油一路殿後（March汽車）

對消費者而言，「**價格優惠**」或「**免費字眼**」也是「消費者的利益」之一，甚至比產品本身的特色更能吸引消費者的注意。以下幾個標題是常見的寫法：

- 全面一折起，通通買得起！
- 十五元！比奶茶更便宜！
- 滿千送百，一律免運！
- 好友分享日，買一送一！（「星巴克」咖啡）

二、從讀者群選出可能的消費者

前面舉例過的「好自在衛生棉」廣告，從標題就可一眼看出產品要賣的對象是女生。試想，如果你的產品是男性防掉髮的洗髮精，你的標題裡頭會不會出現「美少女守則」這種字眼呢？肯定不會，因為你絕不會浪費時間在不會買你產品的女生身上。

所以，從標題開始，就可以為自己的產品篩選出可能的消費者，刪除掉不屬於潛在顧客的那一群讀者。

以下幾個例子都屬於這類型標題：

- 別怕娶老婆！（「海洋都心」建案）

- 讓孩子像大樹一樣長得又高又壯（「克寧」奶粉）
- 一年買兩件好衣服是道德的（中興百貨）
- 暑假出國玩，親子自由行（可樂旅遊）

三、使讀者對內文發生興趣

雖然不是所有的廣告都要寫內文，像是漢堡、啤酒、或是時尚產品，只要放一張令人垂涎欲滴的美食照，或是很有風格、很好看的產品照，再加一句標題或產品名就可以賣得嚇嚇叫。但仍有許多種類的產品，必須提供更多資訊寫進內文，才能讓消費者了解產品的好處，進而購買。尤其**高關心度**、**高理性**的產品，像是電腦、汽車、人壽保險、保健食品、醫美產品等。

此時的標題除了要吸引讀者注意外，最好還能引起他們的**好奇心**。「**提出問題**」是一個很好的寫法，「**把故事講一半**」也能吸引讀者的好奇，甚至「**提供全新的資訊或知識**」，也能讓讀者感到好奇而繼續讀下去。

例如，「March」汽車以新知新訊的手法下標題：「**捷報捷報！一隻豹喝的油可以餵**

飽兩隻March。」暗喻進口車所花費的油是March的兩倍，吸引讀者注意，看了標題就讓人們開始好奇「March是怎麼辦到的，為什麼可以這麼省油？」然後就繼續往下看了。

「葡萄王」蟲草王的廣告則是這樣下標題的：**「每10個國小學童就有3.3人，天天早上包水餃。」**如果你家的孩子為過敏所苦，每天早上起來不是打噴嚏就是擤鼻涕，那麼你就會想看完這篇廣告的內文，期望在內文可以找到幫你解決問題的方法。

> 記住，不管用什麼手法下標題，一句好的標題要能完整傳達訊息，最好能包括產品名稱和消費者利益，同時也要符合目標消費群的文字和語調。

吸睛標題的24種手法

接下來，為各位列舉二十四種常見的廣告標題類型（手法），某種程度上來說，這些類型已經被無數產品運用過，證實了這些下標題手法具有一定的銷售效果，各位只要善加運用，相信也能為產品帶來很好的成績。

吸睛標題手法一：消費者的最終利益

這是所有標題中，最能引起注意的手法。簡單的說，就是把產品「**特色**」或「**獨特賣點**」（其他品牌所沒有的強項），轉化成對消費者的好處，用一句話寫出來。

例如「M&M's」巧克力廣告標題：

只溶你口，不溶你手

「M&M's」巧克力的產品特色、最獨特的賣點就是「在高溫底下也不會輕易融化」，對消費者的好處就是「拿在手裡不會融掉」，和他品牌的巧克力相比之下，標題「**只溶你口，不溶你手**」不但凸顯出產品獨一無二的特色，也直接點明消費者的最終利益。

在寫這種標題前，要先將產品利益（特色）轉換成簡單易懂的消費者利益，各位可以參考下表範例，試著練習將自己的產品特色轉化成消費者利益：

產品利益（特色或賣點）	消費者利益（廣告訴求）
「Airwaves」口香糖：獨特的嗆涼口感	嚼對有精神
「西北航空」：台語空服員	你講台語嘛也通
「青箭」口香糖：清新薄荷口感	清新好口氣
「蘇菲」衛生棉：貼合瞬吸體、翻身不漏	安心熟睡到天亮
「舒跑」鹼性水：電解過好吸收、好代謝	顧健康，真鹼單
「三得利」芝麻明EX：三效合一幫助入睡	給您真正的休息

以下的標題也都是使用這類手法：

- 知識使你更有魅力（中國時報）
- 多了晶亮，告別油光（「卡尼爾」晶亮粉采系列）
- 看見更美的自己（「笛絲薇夢」醇養妍）

March加速遙遙領先，用油一路殿後（「裕隆日產」March汽車）

炒菜不必放肉絲（「維力」清香油）

以「消費者的最終利益」為標題手法，要從消費者最在意的事情或結果去想，站在消費者的立場，將產品利益轉換成簡單易懂的消費者利益。

吸睛標題手法二：給消費者承諾

你的產品或企業能提供什麼樣的服務或優勢？

案例 「黑橋牌」香腸，堅持不加味精及防腐劑

食安風暴時期，「黑橋牌」黑豬肉香腸在過年期間為了讓消費者安心，刊登了一張平面廣告，廣告主視覺是一個由許多香腸排列而成的指紋，底下的廣告標題和文案寫著：

堅持不加味精及防腐劑

吃好香腸．過好心年

春節時刻，全家相聚的親情總是特別的濃厚。一起分享一年來的美好時光，也一起品嚐台灣黑豬的夢幻美味。黑橋牌堅持「用好心腸，做好香腸」，全面拒絕防腐劑‧保證使用健康豬，不僅讓您每一口都吃得安心，也讓您在團圓時刻擁有最真心的感動。今年春節，就讓黑橋牌精選黑豬肉禮盒和您一起過個好心年。

使用「給消費者承諾」的標題手法，要用淺顯易懂的文字去寫，讓消費者一看就懂產品或企業所能提供的承諾，不要模糊不清，也不要讓消費者誤會或產生其他聯想，愈簡單、愈直接愈好。

以下的標題都是採用這類手法：

- Take care of your Kidneys.照顧你的腎（「SanVincent」礦泉水）
- 就是不讓你吃苦（青島啤酒）
- 這頂安全帽，不怕豔陽，遮風擋雨，冬暖夏涼（「裕隆日產」March汽車）
- 黑橋牌保證：全產品採用CAS生鮮健康豬！（「黑橋牌」食品）
- 相逢自是有緣，華航以客為尊（中華航空）

不須拐彎抹角，也不用玩弄文字遊戲。在句子中把產品提供消費者的保證、承諾和特點直接寫出來。

吸睛標題手法三：強調產品特色或獨家賣點（USP）

如果你的產品擁有其他品牌所沒有的特色，是獨一無二的賣點，也可以將最厲害或獨特的地方直接寫出來。這種寫法可以結合第一種「消費者的最終利益」，也可以單獨只在標題裡頭強調獨家賣點，讓消費者自行想像產品帶來的好處。

案例 **「光泉．冷泡茶」，讓茶更甘美**

冷泡，更甘美

光泉以顛覆傳統熱水泡茶的方式，採用冷泡循環萃取技術推出市面第一瓶採用冷泡製程的即飲茶。經實驗證明，低溫泡茶能降低茶葉中咖啡因及單寧酸的溶出，加上在低水溫能使中茶葉本身小分子帶甜味的胺基酸先溶出，讓冷泡茶的口感更甘甜不苦澀。

「冷泡」是「光泉．冷泡茶」的產品特色，以「低溫冷泡製成」，有別於市面上「熱水沖泡」的茶飲，是其他品牌所沒有的獨特賣點；讓茶更「甘美」，則是「冷泡」帶給消費者的最終利益。

在寫這種標題時，請務必先想清楚產品特色。很多時候，產品的最大賣點就藏在細節之中，即使和競爭品牌只有小小的差異，那個小小的差異也能因此成為致勝的最大賣點。

以下的標題都是採用這類手法：

- 80％超高含肉率，自然更鮮美（「黑橋牌」火腿）
- 100％原肉切片，自然更鮮美（「黑橋牌」培根）
- 亨氏番茄汁無添加，100％全天然（「亨氏」番茄汁）
- 舒絲仕女除毛刀，多了安全護膚隔離網，只去毛不去皮！（「舒絲」仕女除毛刀）

加入「唯一」、「獨家」字眼，可有效吸引注意，若產品名稱本身已含有獨特賣點，那麼將產品名當標題放大就可以了。

吸睛標題手法四：新知新訊／新聞發布式

此類手法通常用於新品上市、活動宣告或其他重大事項宣布時，像是發表成果、銷售成績等。若想告訴大眾你的產品升級或改良，也可用這個寫法。

案例 iPhone X，十一月三日

二〇一七年十月，iPhone X發表新機後，市場傳言因為產能低，以致「蘋果」將推遲iPhone X的上市日期，甚至還有不少分析師在媒體發表文章，指出iPhone X未能如期發售，最壞的情況可能要等到明年初才會上市。「蘋果」為了打破這些分析師的不實說法，於是在美國多個地方高掛超大型的廣告招牌，並在上面寫一句簡短標題：

iPhone X
3 November

「蘋果」想藉廣告向廣大消費者訴求產品將會如期上市，不會延後推出，iPhone X也確實在十一月三日當天準時開賣。

像這類標題，有些常用的老詞就可以派上用場。例如「**鄭重宣布**」、「**號外、號外**」、「**即將現身**」、「**終於來了**」、「**夢幻登場**」、「**有史以來最……**」、「**等待了三年**」及「**萬眾矚目**」等字眼，這些用字看起來很陳腔濫調，卻是屢試不爽，效果出奇地引人注目。

以下的標題都是採用這類手法：

- 犇來了！（「漢堡王」犇牛肉堡）
- 九月中，我們來真的！（國際水上芭蕾活動表演）
- 嫩黃鬧春，新裝上市（遠企購物中心）
- 台灣黑豬，久違了！（「黑橋牌」黑豬肉香腸）
- 今天起，全台灣都聽得到飛碟的聲音（飛碟聯播網）
- Mazda 3日本原裝，即將上市！（馬自達汽車）
- 他來了！7月24日在北京的天空，迎接新「飛人」！（耐吉）

> 直接了當地把這個「訊息」寫出來。如果可以，適當地加入具有搧動性的字眼。

吸睛標題手法五：引人入勝的故事

近年來，台灣很流行**故事行銷**。人人都愛聽故事，故事能賦予商品或品牌更多情感和意義，也能讓消費者對品牌有更多想像空間。通常這類型廣告多會使用圖像敘事，圖像比文字能更快速且輕易地讓人吸收。文案調性也較優雅，多了些人文味，有時候甚至像是在看一篇散文。

案例 **故事手法最為人熟知的例子——左岸咖啡館系列廣告**

喝完這杯咖啡，我就要變成別人了

他突然轉頭跟我說話，
鬍渣上還沾著鮮牛奶的泡沫。
可能因為我是東方人，
而且無論從那一點來看，
和他都扯不上任何相干，
才會主動向我吐出秘密吧！
「我將加入傭兵部隊」他繼續說，

「聽說一旦加入傭兵部隊，
就可以洗掉所有的前科，重新再活一次。」
有關傭兵的話題，我還是第一次和人談論。
「這是法國政府特許的」他掏出車票揚了一下，
我注意到時間是四。
「就在巴黎南方不遠的小鎮上，
有個常設的傭兵招募站。
一下車就找得到，方便的很。」
「可是……」實在很難相信，
這麼輕鬆就能再來一次。
「可是真的能變成別人嗎？」
掛鐘已經指到三和四的中間，
而我又找不出更有禮貌的字眼。
「當然你得先死過去，
我的意思是：經歷比死亡更甚的痛苦。
做滿十年，如果仍然活著，就能退伍，

新名字新身份只是小事，政府會替你辦好。」

「那裡也有你們日本人噢！」

他起身的時候這樣說。

我不是日本人，但我不想解釋。

左岸咖啡館

如何？在看這篇文案時，是不是很有畫面感？彷彿你也坐在咖啡館裡，聽對方緩緩說著他的人生故事。

我們再來看看左岸咖啡館同系列的廣告標題和文案：

嗜甜的越獄人

義大利口音的男人和同伴點了兩杯黑咖啡後，便把視線放在咖啡館的大門，看著每一位進出的客人。

自從那位專盜Egon Schiele畫作的義大利畫賊，第四次越獄成功後，人們特別留意身旁出現的義大利人，而我也不例外。

一刻鐘過去了！那兩人已飲下不少黑咖啡，視線仍停在大門，

眾人也始終盯著他們。

又過了一刻鐘，才進門的短髮男人便搶走所有人的目光。

倒不是他也有濃濃的義大利口音，而是他點了一桌的甜品。

「你被捕了！」喝黑咖啡的男人和同伴突然卡在他身後

「你可以慢慢享用！」等他把滿桌的甜品吃完，

代他結帳後，兩人才押著他走出咖啡館。

經過一陣靜默，大家議論紛紛

「為什麼畫賊專偷Egon Schiele的畫？」

「為什麼畫賊總是在同一家咖啡館被逮回牢裡？」

左岸咖啡館

「左岸咖啡館」這一系列廣告標題相當精采，各位光看標題是不是想把故事看完呢？看著文案的同時，腦海裡似乎也會跟著產生畫面，像是自己也置身咖啡館裡頭。

具有故事性的標題，只要寫得夠精彩、夠吸引人，即使沒有圖片輔助，也會讓人想一直看下去。

以下的標題都是採用這類手法：

- 水杯與咖啡杯，距離五英吋（左岸咖啡館）
- 特地為第一份工作買的第一雙鞋，只穿了二十分鐘（「阿瘦」皮鞋）
- 住上草山的那一天，兒子問我想作什麼？我說：去喫碗地瓜湯吧……（「草山生活」建案）
- 飛彈讓股市大跌的隔天清晨，我來到這裡，水的溫度告訴我——留在台灣（「草山生活」建案）

> 這類標題經常要先想像**畫面**，設定好場景、人物、故事。用畫面來思考，用畫面來說故事，再將畫面轉換成文字，標題自然就能生出來了。

吸睛標題手法六：略帶懸疑或欲言又止

人人都有好奇心，對於欲言又止的話語，通常都會想再追究深問或往下看個究竟。所以有時運用略帶懸疑、欲言又止的標題，反而可以達到吸引大家想搞清楚的效果。最好能

讓人看到標題後，自然而然地產生「為什麼？」的疑惑，或者「後面還有……」的感覺。

案例

這招……，不是誰都會！

「黑橋牌」火腿的廣告標題這樣寫：

這招……，不是誰都會！

光看標題就已經讓人好奇想看下去了，更何況這張廣告的視覺是一個被裁切成人形模樣的火腿，做出下腰的動作。

繼續看副標題：

只有含肉率高達80%的黑橋牌火腿，才夠Q彈不腰折！

這時有經驗的消費者或媽媽們就會明白為什麼了。因為若是含肉率過低、摻粉或其他材料混充的火腿，一折就會斷裂，根本沒辦法像下腰那樣折彎，而「黑橋牌」火腿可以做到，就是因為產品含肉率高達百分之八十，保有札實肉感和Q彈咬勁。

案例 非好水，不泡

「統一．麥飯石礦泉水」，也用相同手法勾起人們的好奇心，標題和文案如下：

非好水，不泡

統一麥飯石礦泉水，堅持甘淨生活運動。今天起，泡的、喝的、吃的、煮的、冰的……，請全面堅持用好水。

要注意的是，在達到吸引消費者閱讀的效果之後，要馬上把答案講清楚，以免消費者感覺被唬弄，而對品牌產生負面的印象。

以下的標題都是採用這類手法：

- 老婆，我再忘記我就是……（「黑松」汽水）
- 誰掉了一塊錢？（柯尼卡）
- 哈利波特　誠徵貴人（賓士汽車）
- 歷史會記住他們的名字（中國時報）
- 大西洋的鮭魚可以跳4.5公尺高（探索頻道）

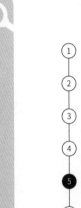

把話說一半，或是直接給個意想不到的答案。

吸睛標題手法七：煽動情緒的表述

每個人都有感性柔情的一面。情感訴求透過具有渲染力的文字，挑動人們的心緒、回憶或感動。句子中不一定要帶出產品，只要能扣得上關連，讓人認同即可。

案例

給智子的遺書

台灣廣告教父孫大偉先生，曾為「保德信人壽」寫過一則「給智子的遺書」平面廣告「智子篇」：一架日本航空客機墜機前，一位父親在小筆記本上寫下「智子，請好好照顧我們的孩子」。廣告畫面單純呈現一張撕下的四孔活頁紙和紙上一行手寫的日文字，一旁的廣告標題和文案寫著：

智子，請好好照顧我們的孩子

日航一二三航次波音七四七班機，在東京羽田機場跑道升空，飛往大阪。時間是

一九八五年八月十八日下午六點十五分。機上載著五百二十四位機員、乘客以及他們家人的未來。四十五分鐘後，這班飛機在群馬縣的偏遠山區墜毀，僅有四人生還，其餘五百二十人，成為空難紀錄裡的統計數字。這次空難，有個發人深省的地方，那就是飛機先發生爆炸，在空中盤旋五分鐘後才墜毀。任何人都可以想見當時機上的混亂情形：五百多位活生生的人在這最後的五分鐘裡面，除了自己的安危還會想到什麼？谷口先生給了我們答案。在空難現場的一個沾有血跡的袋子裡，智子女士發現了一張令人心酸的紙條。在別人驚惶失措、呼天搶地的機艙裡，為人父、為人夫的谷口先生，寫下給妻子的最後叮嚀：「智子，請好好照顧我們的孩子。」就像他要遠行一樣。你為谷口先生難過嗎？還是你為人生的無常而感嘆？免除後顧之憂，坦然面對人生，享受人生。這就是「保德信」一百一十七年前成立的原因。走在人生的道路上，沒有恐懼，永遠安心——如果你有「保德信」與你同行。

這則廣告畫面簡單卻又震撼人心，看完文案不禁令人動容落淚。當年刊登後迴響很大，除了時報廣告金像獎外，也獲得讀者文摘第五屆全球廣告銅飛馬獎及亞洲區銀飛馬獎。孫大偉先生獲獎時曾表示：「這張廣告，我放了很多感情進去。」也就是說，在撰寫感情訴求的廣告標題和文案時，**一定要能先讓自己感動或讓人們也能感同身受**，人們看了才會感動。

案例 爸爸的肩膀

同樣運用感情訴求的「中華汽車」電視廣告「爸爸的肩膀篇」，以動人的旁白賺取不少觀眾熱淚。**「這世界上最重要的一部車，是爸爸的肩膀。」**這句廣告標題還獲得廣告流行金句的殊榮。電視廣告中，男主角以沉穩且充滿感情的語氣緩緩說著旁白：

> 如果你問我，這世界上最重要的一部車是什麼？那絕不是你在街上看得到的。三十年前，我五歲，那一夜，我發高燒，村裡沒有醫院。爸爸背著我，走過山，越過水，從村裡到醫院。爸爸的汗水，溼遍了整個肩膀。我覺得，這世界上最重要的第一部車，是爸爸的肩膀。今天，我買了一部車，我第一個想說的是：「阿爸，我載你來走走，好嗎？」

——中華汽車，永遠向爸爸的肩膀看齊。

以情感訴求的文案要寫得好，一定要多體驗。生活中的感動往往是這類標題的靈感來源。

以下的標題也都是採用這類手法：

- 每個大人，都曾是爸媽心愛的小孩（安泰人壽）
- 台灣的老人不能沒有家（門諾醫院）
- 再忙，也要和你喝杯咖啡（雀巢咖啡）
- 全國電子足感心ㄟ（全國電子）

以生活觀察或心情感觸為出發，親情、友情、愛情、交情、恩情，都是很好的切入點。

吸睛標題手法八：警告、提醒或恐嚇

沒有人喜歡被恐嚇，不過，人很奇怪，就像看恐怖電影一樣，愈恐怖的畫面，愈讓人揮之不去；同樣地，略帶嚇人意味的標題，反而能達到效果，讓人印象深刻。

案例 這就是我們喝的水嗎？

這就是我們喝的水嗎？

這句使用「警告」手法的響亮標題，曾經喚醒國人對飲水品質的重視，也讓「山點水」這個品牌的包裝水迅速打開知名度。不過，後來該產品卻被檢驗出含有大量懸浮物，讓消費者也不得不問他們：「這就是我們喝的水嗎？」

很多人以為使用恐嚇手法可能會帶來負面反感，但事實上，很多語帶威脅的標題，反而可以表現出品牌對消費者的關懷與重視。

案例 世事難料

一九八八年台灣政府開放外商壽險公司來台，美國「安泰人壽」是獲准開業的第一家外商公司，當時「安泰人壽」即以恐嚇手法推出「死神系列」廣告，警告意味濃厚的標題「**世事難料**」成功引起話題，也翻轉大眾

對保險的刻板印象。新穎且獨到的議題切入點，讓「安泰人壽」順利打入年輕人市場，還連續多年榮獲《天下雜誌》票選台灣壽險界標竿企業第一名。

使用這種標題的廣告，最重要的一點是，要讓人**因害怕後果，而採取行動**！尤其是屢勸不聽的人，使用「恐嚇」的方式對他們最有效。

以下的標題都是採用這類手法：

- 夏天到了，別做驚人之舉（「舒絲」仕女除毛刀）
- 6月1日起，三杯高粱下肚，買單最高6,000元（台北市政府）
- 小心，很多車賺了你的錢，也賺了你的安全（裕隆汽車）
- 抽菸不一定能讓你放鬆，但一定能讓你骨質疏鬆（菸害防治）
- How Long Can You Live？（菸害防治）

如果你的產品具有未雨綢繆的特色，例如與**保險**、**安全**或**公益**有關的產品或服務，使用這種手法就對了。

吸睛標題手法九：新聞性話題或議題

在台灣，無論娛樂八卦、政治風潮還是社會時事，總會特別吸引大家的關注。這時候，廣告標題若能搭上熱門話題的便車，只要用得高明，通常都能快速引起大眾關注，提升產品好感度。

前陣子，某個信徒眾多的宗教禪師因為信徒供養，收受千萬名車，使得輿論沸沸揚揚，網路也因此流傳一句廣告口號：「**樹多必有枯枝，人多必有白癡，信徒多必有勞斯萊斯！**」這句廣告口號雖然沒有特定商品，但也趕搭上了時事的熱潮。

在台灣最常被搭的便車就是政治，尤其一年到頭全台充斥的各式大小選舉，就成為廣告最好操作的話題。

案例 **汽車品牌搭新聞話題**

「三菱汽車」趁著選舉熱潮，推出購車優惠活動，將提供的優惠改為對消費者的「賄賂」，並以暗示性的口氣分別刊登三張廣告，標題寫著：

- 有賄選！
- 賄選！抹黑！
- 賄選奏效！

另一個汽車品牌「雷諾汽車」也搭上選舉便車，使用相同手法，廣告標題寫著：

- 雷諾公開「惠」選

相對於搭上新聞議題的「雷諾汽車」和「三菱汽車」，「福特汽車」乾脆自己創造話題，讓自己的汽車產品成為熱門新聞。「福特汽車」直接買下報紙頭版的全版廣告，版面上不放任何產品、不放任何圖片，連汽車商標都沒有，全白的報紙畫面只寫下「頭條新聞」一般的標題：

- 今天，沒有什麼新聞比 Mondeo 更熱門！

廣告刊登後，果然成為全台議論紛紛的熱門新聞，也使新車Mondeo一炮而紅，順利打響知名度。

使用新聞議題或搭時事便車的標題，需考慮**時效性**，廣告刊登的速度要快，才不至於錯失良機。熱門話題一旦冷卻，就很難引人注意了。

以下的標題都是趁著當時熱門話題而寫：

- 選舉時刮別人的鬍子，選舉後刮自己的鬍子（「舒適牌」刮鬍刀）
- 贊成開挖蘇花高的請舉手！（反蘇花高學術文教團體聯盟）

> 若標題帶敏感話題，尤其是政治禁忌或宗教色彩，要小心引起負評或反感；不過用得高明則能令人莞爾，並留下深刻印象。

吸睛標題手法十：提出看法、呼籲或主張

當你想對某一族群講話以獲取認同時，可以提出你對某某事物的觀點或呼籲，藉此獲得支持及心理認同。尤其當產品或企業已是領導品牌時，提出觀點或呼籲，可以展現並鞏固品牌的高度。

案例 只要我喜歡，有什麼不可以

在台灣，大家都覺得「**只要我喜歡，有什麼不可以**」是最能代表青少年的一句話。許

多人可能已經忘了，這句話原來是廣告金句，來自於一九九〇年的「奇檬子」飲料廣告。

「奇檬子」飲料強調年輕色彩，口味以「蜂蜜檸檬」影射初戀滋味。因對年輕人提出呼籲，大力鼓吹年輕人勇敢追求自己所愛，知名度與銷售量一夕暴漲。不過，「奇檬子」也因為「**只要我喜歡，有什麼不可以**」這句廣告標題帶有叛逆意味，而成為老一輩人眼中離經叛道的飲料品牌。

案例 過年，也要和朋友團圓

我們再來看看台灣加工肉品的領導品牌「黑橋牌」食品，也曾在廣告中對現代人提出一句呼籲：

——過年，也要和朋友團圓

不知道各位一到過年是不是也這樣：在第一時間到臉書發文、用通訊軟體貼美圖給親朋好友們，再和對方閒聊幾句，就算對「拜年」一事交代完成？童年時期跟著開車載滿禮的爸爸，到處跑，堅持要把禮、把心意，親自送到親友家裡的情景，已不復見。

於是，「黑橋牌」食品提出「**過年，也要和朋友團圓**」的呼籲，希望能把「送禮」的形式保留下來，透過「團圓」拉近人與人之間的距離。

「黑橋牌」食品的廣告一向給人溫暖、正面的力量，這支「送禮篇」電視廣告雖然並未如預期引起轟動，但廣告開場說的「**年味愈來愈淡，像偷工減料似的**」，替現代的人們點出問題所在，也算是善盡企業社會責任了。

呼籲或主張通常多由領導品牌或知名品牌提出，較容易引起迴響。主要是因消費者對領導品牌已經有了一定的認識與信任，他們提出的看法或觀點也容易取得消費者的認同。

不過，也有例外：

案例　認真的女人最美麗

一九九六年，台灣信用卡市場熱鬧滾滾，其中，當時還稱不上「大咖」的「台新銀

行」為搶奪一年簽帳金額可達新台幣兩千五百億元的大餅，趁勢推出針對女人訴求的玫瑰卡，以「**認真的女人最美麗**」為標題，同時透過電視廣告和報紙廣告大力宣傳，廣告一經露出，不知打動多少女人心，讓玫瑰卡在短短一年多，發卡量就高達十一萬張，「台新銀行」也從此名聲大噪，躋身大牌地位。

以下的標題都是採用這類手法：

- 運動樂趣，無所不在（耐吉）
- 三日不購物，便覺靈魂可憎（中興百貨）
- 放膽踩上來（「安泰人壽」徵人廣告）
- 沒有不可能Impossible Is Nothing（愛迪達）
- 旅行的結束，是紀念味蕾的開始（「黑橋牌」香腸禮盒）
- Always Open（7-ELEVEN）

> 多觀察社會趨勢與大眾關心的議題，從裡頭找出觀點再切入。

吸睛標題手法十一：生活提案

當產品想要對某一類消費族群講話時，就可以使用「生活提案」的方式，提出新的生活方式或某種運動，以獲取認同。

這類標題多半和日常生活息息相關，而與生活購物密不可分的「全聯福利中心」可說是操作這類廣告的箇中高手：

案例 「全聯福利中心」帶動「國民省錢運動」

還記得學生時代在操場上做過的「國民健康操」嗎？如果記得，那麼「全聯福利中心」將購物及體操結合創造出的「**國民省錢運動**」一定讓你回味無窮。

「國民省錢運動」之後，接下來的「全聯福利中心」改以年輕族群為說話對象，提出另類生活提案：「**全聯經濟美學**」，企圖在不景氣的時代，讓生活美學也能成為一種主流：生活不只要節儉，還要節儉得很有品格跟品味。

在廣告主軸「全聯經濟美學」下，每一篇廣告標題都寫得漂亮精彩又能貼近生活：

- 知道一生一定要去的20個地方之後，我決定先去全聯。
- 長得漂亮是本錢，把錢花得漂亮是本事。
- 距離不是問題，省錢才是重點。
- 離全聯越近，奢侈浪費就離我們越遠。
- 會不會省錢不必看腦袋，看的是這袋。
- 真正的美，是像我媽一樣有顆精打細算的頭腦。

「全聯福利中心」廣告的成功，也讓廣告主角「全聯先生」跟著暴紅起來。「全聯先生」鮮明有趣的人物形象，不僅為品牌大大加分，也帶來更多代言機會：

案例 **「海洋都心」結合「全聯先生」省錢形象**

由「宏泰人壽」在淡水重劃區開發的大型建案「海洋都心」找來「全聯先生」代言，銷售對象為年輕族群，藉由「全聯先生」既有的「省錢形象」，巧妙地引發與建案「價格公道」的聯想。

「海洋都心」以戶外看板的形式連續刊登三張廣告稿，標題寫著：

- 別怕買不起
- 別怕娶老婆
- 別怕生小孩

「海洋都心」以戶外看板的廣告露出後，確實打動不少年輕人，吸引前往看屋與詢問，至今已開發至第三期，可見銷售成績不斐。

以「生活提案」為標題，要先了解消費者想什麼、需要什麼，然後寫進消費者的心坎裡。例如二〇一七年雙十國慶日，政府在文宣的標題寫著「二〇一七一**起更好**」，點出當前台灣人民心裡想的、最需要的，就是景氣復甦，讓生活過得更好。

另外，以「生活提案」為標題的手法，多半具有積極態度、鼓勵意味等正面意義，以下幾個標題也都是採用這類手法：

- 阿Q一下，快樂就好。（「統一」阿Q桶麵）
- 上班族加油，Fighting！（摩斯漢堡）
- 我們結婚吧！（「伊莎貝爾」喜餅）

在薪水還沒減肥前，減糖吧！（「DyDo」無糖咖啡）

當腦袋變成白的，就把黑的倒進肚子裡。（「DyDo」黑咖啡）

先找出你想說話的對象，再投其所好找出下標內容，文字的語氣要像是對特定族群講話。

吸睛標題手法十二：引經據典

引經據典的手法有兩種，一種是引用**數字**，一種是引用**名人的話**。

案例

引用數據資料，增加說服力及可信度

我們在「5W」的章節裡曾介紹過的紐西蘭奇異果，三張平面廣告使用的標題即是以數據訴求：

嘿！嘿！嘿！我的維他命C是蘋果的17倍

哈！哈！哈！我的纖維質是葡萄柚的2.6倍

嘻！嘻！嘻！我的鈣質是香蕉的4倍

案例 要強調產品來源的稀有或珍貴性，也可以使用數字

「黑橋牌」黑豬肉香腸，為讓消費者明白，在台灣真正的純種黑豬肉非常稀少，每一千頭豬裡頭僅有二十八頭是真正的黑豬肉，市面上所謂的黑豬多半以黑毛豬或白豬混充，廣告畫面非常簡單，少許幾頭黑豬混在一大群的白豬裡頭，標題只有簡單的數字：

28 / 1000

用數字當標題的廣告，通常都能引起消費者的重視，一來數字簡單易懂，二來因為有了數字，通常也代表這個廣告訊息是有依據的。在不被信任的年代，以數字佐證才有說服力。

以下這幾則廣告標題，也因為使用數字當標題，引起不少消費者的注意，廣告效果相當顯著：

- 14天白得晶瑩剔透（「SK-II」密集美白系列）
- 每10個國小學童就有3.3人，早上天天包水餃（「葡萄王」蟲草王）

案例 藉由名人的論述或名言，提升品牌形象或地位

「中華賓士」的E-Class系列曾刊登兩則廣告，分別引用愛因斯坦和畢卡索的名言，為產品加分：

- 若是出版相對論，可能世上只有十二個人能夠看得懂——愛因斯坦
- 我用一生的時間去學習像小孩那樣畫圖——畢卡索

> 數字會說話！在標題中使用數字訴求時，雖然能在短時間內取得消費者的信任，但是數字絕不能造假。

吸睛標題手法十三：提出質疑或提出問題

人們面對疑問時，會下意識地想尋找答案。如果提問的內容與自身或家人有關，便會急迫地想知道答案是什麼，甚至自我反省。

案例　「福斯汽車」以夢想提出質疑

六〇年代，「福斯汽車」的金龜車以「小」當特色，推出一系列「想想『小』的好處（Think small）」的廣告，將金龜車的「小」轉化為：價格便宜、油耗低、停車容易等。結果，這則廣告成功打動美國消費者，金龜車自此不但長銷不衰，也成為很多年輕人的夢想。

於是多年後，福斯汽車即以這樣的訴求刊登多張廣告，對年輕人提出質疑：

- 90％的人做的夢是黑白的，你呢？
- 你還記得上次實現的夢嗎？
- 有人已經在開，有人還是夢，你呢？

當然，金龜車的價格對年輕人而言並不便宜，不過，這系列的廣告標題也如期引起年輕人的注意，甚至連中年族群也不得不回頭想想，是不是該換車了呢？

案例

「聲寶」家電以到府維修服務提出質疑

在「服務至上」觀念還未形成的年代，「聲寶」家電率先提供「聲寶家電到府維修」服務，並連續刊登系列廣告三張，以提問式的手法撰寫標題：

- 誰說不能哪裡欠修理就到哪裡？
- 誰說一定要休息？
- 誰說不能火速到府？

有趣的畫面搭上質問標題，不但引起消費者的注意，也打中消費者長久以來心裡十分在意的問題：為什麼家電壞了，不能找人來修？

使用這類標題最好能從生活周遭小事著手，即使是雞毛蒜皮的小事，也可能是消費者心中的大事，只要你先提問了，很可能就能搶得先機，並一舉獲得消費者的心，為品牌加分。

以下的標題都是採用這類手法：

- 你還在用燒片殺手？（「明基電通」燒錄器）
- 你的愛車，誰在保養？（「ESSO」機油）
- 影印卡紙會令你咬牙切齒？（「Double A」影印紙）

> 先想想你的產品可以幫助消費者解決什麼問題？把這個問題直接寫出來就對了。

吸睛標題手法十四：名人代言推薦或證言

證言或名人代言推薦的廣告，其實各有不同。但在效果上，都會比一般廣告來得好，也較能快速提升產品的知名度與好感度。

一般來說，代言人所指的是能代表某一品牌、產品或者服務，並為該品牌充分展現適當形象的人；藉由品牌代言人所擁有的知名度和形象，除了能夠很快地吸引消費者的注意和興趣、使民眾對企業產生好感，同時也可迅速提升品牌和商品的知名度，進而有助於企業達成促進商品銷售的目的。

案例 「SK-Ⅱ」的名人代言策略

代言推薦人多半從藝人明星、意見領袖或知名專家、權威人士裡頭挑選。例如早期最為人熟知、令人印象深刻的「SK-Ⅱ」廣告，便找來香港藝人劉嘉玲擔任代言，在電視廣告和平面廣告都寫著一樣的標題：

「你在看我嗎?可以再靠近一點！」

這句標題不僅成為日後大家朗朗上口的流行用語，劉嘉玲的明星效應也讓產品掀起搶購熱潮。之後，「SK-Ⅱ」繼續採取名人代言策略，藝人換成蕭薔，廣告則維持品牌的一貫調性和風格，廣告標題一樣以名人的口吻說著：

「你看得出來，我每天只睡一個小時嗎？」

接著找來湯唯代言，廣告標題寫著：

「嘿！這就是晶瑩剔透的證據！」

「SK-Ⅱ」長期使用名人代言手法，廣告風格也維持一貫質感，加上產品力強、口碑好，品牌地位因此始終居高不墜。

台灣很多大廠都很迷思代言人，名人代言的廣告多如過江之鯽。以下的標題都是以名人口吻撰寫，各位可以參考看看：

「我相信他！」——林俊傑（桂格）

「相信桂格就對了！」——桂綸鎂（桂格）

「營養多多，負擔拜拜！」——楊洋（桂格）

「銜接母乳，最好的成長奶粉」——林書煒（桂格）

「就從這一秒，美白奇蹟不用等！」——蔡依林（巴黎萊雅）

「黑人是我這世人，尚信任的老朋友。」——吳念真（黑人牙膏）

「不放手，直到夢想到手！」——陽岱鋼（黑松沙士）

這類標題多半以第一人稱表態，且找來名人或知名意見領袖代言，如果標題裡頭沒有寫出代言人的名字，那麼在廣告視覺中一定要找個地方補上。

證言式廣告的手法又不太相同，強調的多是「素人」的經驗談，必須以親身經歷後的心得或感想作為廣告訴求、撰寫標題。

例如「多芬」洗髮精的電視廣告長期以來就採證言式手法，也是眾多廣告中，因證言而深受信賴的成功品牌之一。而「媚登峯」更因為採用證言式廣告，找來董玉婷與包翠英兩人以真人實證的方式，證明瘦身成功，搭配廣告標題：「Trust me, you can make it!」成功打響知名度，一躍成為瘦身中心的領導品牌。

案例 廣告大師大衛．奧格威為「奧斯汀汽車」寫的證言式廣告，觸及人們心中最在意的事物

我用駕駛奧斯汀轎車省下的錢，送兒子到格羅頓學校唸書——來自一位外交官的匿名信

最近我們收到一位曾為外交事業建功立業的前輩的一封信。

「離開外交部不久，我買了一輛奧斯汀車。我們家現在沒有司機——我妻子承擔了這個工作。每天她載我到車站，送孩子們上學，外出購物、看病，參加公園俱樂部的聚會。我好幾次聽到她說：『如果還用過去那輛破車，我可對付不了。』而我本人對奧斯汀車的欣賞更多是處於物質上的考慮。一次晚飯的時候，我發現自己在琢磨：『用駕駛奧斯汀轎車省下的錢可以送兒子到格羅頓學校唸書了。』」

親愛的讀者們，您可能會覺得我們這位外交官先生太誇張了吧。其實不然，根據下面的事實您可以自己算一算：

一、您現在只要花一千七百九十五美元（包括二百五十美元的額外配件）就能買到新款的奧斯汀默塞特豪華車，非常合算。

二、英國的汽油價錢是每加侖六十美分，因此我們要研製出更省油的車，新款奧斯汀車每加侖油可以跑三十英里，如果開得慢一點更省油。

三、油箱裡可以加十加侖的油，能行駛三百五十公里——從紐約出發不用加油可以開到弗吉尼亞州的里士滿。

（中略）

……就我們的估算，奧斯汀使您的總費用下降近百分之五十……（下略）

不知道各位有沒有看出這位大師所寫的文案，厲害在哪裡？他看到目標消費者心裡的渴望，最終的「利益」。奧格威不跟消費者直接聊汽車性能，他聊如何省錢。為什麼要省錢？因為這樣能讓孩子進好一點的學校。讓孩子有更好的未來，才是中產階級現階段最在意的事，而買「奧斯汀汽車」正好可幫他們達成心願。

撰寫證言式廣告標題時，最好採用「代言人」或「證言者」的口氣說話，適度地加上引號，讓標題看起來更像是證言者的語氣。在用字上，通常也會加入「我」的字眼，讓標題看起來真實有力。

案例

國外社福公益團體以當事人證言，提醒青年男女避孕

「保險套很便宜，如果我們用了，現在就不必告訴父母我懷孕了。」

「我的獎學金沒用了，現在我得找工作養小孩了。」

「我很想和朋友一起出去玩，可是，我現在卻得在家換髒尿片。」

「現在我在家帶小孩，沒有人再打電話找我了。」

由於現在資訊透明，消費者並不是那麼好騙，想要使用證言式廣告就必須拿出真材實料來說服，特別是有關**醫美**、**保健**、**瘦身**或強調效果及價值的商品。例如日本保養品牌「DHC」剛進台灣市場時，就在免費郵寄的刊物上，大量採用消費者證言作為主力宣傳。當時不但引起極大迴響，也創造斐然成績。

數位時代來臨後，紙本廣告多被網路替代，不過，證言式廣告仍是最有效的廣告手法之一，常被運用的**部落客分享**就屬證言的一種。

使用證言或代言手法得小心謹慎，證言或代言人如一刀兩刃，只要代言者的形象受損，就要及早將廣告下架，以免品牌形象連帶受到損害。

吸睛標題手法十五：提示價格或優惠

新品上市或促銷時，使用價格折扣或贈品放送，通常都能達成不錯的業績。

在標題中提示價格或優惠，有兩種方法：一種是將「免費」兩字或折扣等等放進標題裡頭；另一種則是用抽獎或好康當主標題。不管哪一種，都是快速吸睛的手法，也是常見的促銷（SP）活動標題寫法。

標題中放入「**免費**」或「**零元送**」等字眼，最能達成強而有力的吸睛效果。各位若有機會可以試試，**將標題刊登在網路或社群平台上**，點閱率肯定會明顯提升，同時也能延長消費者停留在網站瀏覽的時間。

案例

強而有力的吸睛字眼——免費

- 這本書是送的（楊桃美食網）
- 全民學美語，免費體驗！1200堂熱門美語課程！（巨匠美語）
- 免費索取，奇蹟活源晶露（碧兒泉）

如果不是完全免費，但仍有折扣優惠、有好康可拿，像**「破盤價」**、**「買一送一」**、**「只要一元」**等，能讓人感到有利可圖或有撿到便宜的感覺，也是快速提高點閱率的絕招之一：

案例

有利可圖也很吸引人——折扣優惠

- 全館破盤價，全館家電9折，滿額加1元多1件（全國電子）
- 開心當早鳥，速省1,050元（台灣高鐵）
- EPSON EMP-30液晶投影機，NT＄4,900！（「愛普生」投影機）
- 富邦指數型信貸利率6.6％起，從頭甜到尾！（富邦銀行）

當好康不是人人都有獎時，就可以用「**有機會獲得**」或「**限量**」等抽獎字眼，藉以催促並強化吸引力：

案例 **催化消費動機——抽獎**

- 百萬年終獎金大放送，消費滿300元即可參加抽獎（頂好）
- 發票登錄抽百萬大獎（7-ELEVEN）
- 11狂歡購，11/1-11/30天天抽紅利金$1111！（富邦媒體科技）

如果標題可以使用數字就**盡量使用數字**，例如百萬、千萬等，效果會比「好康」等模糊字眼強。

吸睛標題手法十六：認明產品（示範或使用說明）

當你的產品特色，尤其機能部分，難以一言以蔽之時，可以使用這種標題，透過示範解說的方式，或體驗過程的說明，讓消費者「眼見為憑」而被說服。

案例

「黑橋牌」梅花燒肉的美味秘訣，透過產品製程表現

所有關鍵數字，只為成就極致美味

你只有0.28％品嘗夢幻食材機會，嚴選每隻黑豬1／40比例的肩胛肉，以1級原選香料，2手純手工按摩，10分濃厚調味，在5度C低溫醃製，達168小時超長醃製時間，最後再以60度C熱風烘束完成。

看完「黑橋牌」梅花燒肉的廣告標題和說明後，是不是也覺得這麼「厚工」製作的燒肉簡直就是人間極品、天堂美味，也想趕快買回家大快朵頤一番呢？

案例

「藍帶」啤酒為產品撰寫的說明

如果你看完這段文字，泡沫還在，就證明這是好啤酒

雖然只是一句標題，卻能引起消費者的想像空間，試著去買一瓶「藍帶」啤酒來實驗看看，唸完廣告標題和文案後，啤酒泡沫還在不在。這樣的標題也成功地吸引消費者的目光。

功能性或機能很強的產品，要是無法用一句話解釋清楚，多半會採**更詳盡的長文案**的方式讓消費者理解。

案例

台灣廣告教父孫大偉先生為馬英九先生競選台北市市長撰寫的廣告，至今讀來仍舊精彩

馬之內在

雙眼皮：陳文茜小姐曾在公開場合上說，馬英九的雙眼皮，至少為他拉到數萬張選票！外貌是天生的，馬英九從政十六年的政績，才是他真正的民意基礎。

馬齒：馬齒代表年齡。曾有過三顆蛀牙，二十四年前已經補好的馬英九，三十四歲任國民黨副秘書長，三十八歲掌行政政務委員，四十七歲回大學任教。今年四十八歲的馬英九，他的下一步究竟會在哪裡，決定權掌握在選民手裡。

馬血：任俠好義的血性漢子馬英九，入伍前曾參加抗議中日斷交的示威行動，憤怒的咬破手指，血書愛國標語。十多年來，馬英九默默奉獻，累積捐血五十三次，共計13,250cc的鮮血，已經跟許多需要救助者的生命融為一體。

馬力：路遙知「馬力」，日久見人心。（八十二年九月馬英九宣布肅貪後，蓋洛普民調顯示只有百分之三十八點四的民眾對肅貪有信心。馬英九卻以實際成果證明他的肅貪決心：八十二年十月至八十四年十月間，一共新收貪瀆案件三千三百七十件，起訴一千三百一十九件、三千一百一十四人。八十四年十一月中華徵信所民調顯示，百分之五十三的民眾認為貪瀆情形有改善，百分之六十五點四的民眾對政府肅貪有信心。）

馬蹄：接任法務部長後，馬英九任內「馬不停蹄」地跑遍全國各地二十七個檢查署一百三十一次，五十二個監院所二百六十七次，三十二個調查單位九十三次以及四十次的政風單位，三十五次更生保護系統，包含二十一個縣市及澎湖、金門、馬祖、綠島等外島。

馬耳：馬耳東風。比喻對聽到的話毫不在意。「肅貪、查賄、反毒，樣樣都會惹來殺身之禍！」但馬英九從北到南查緝貪瀆、賄選、毒品、黑道，三年三個月任內起

訴十五萬三千九百三十八件，那些勸阻對他來說只是馬耳東風。

意志：八十四年底立委選舉，馬英九提出「向賄選宣戰」口號，決心將賄選趕出台灣。競選期間動員逾五百位檢察官及調查員，受理案件一千二百七十八件，檢、調、警人員出勤搜索一千一百二十二次，傳訊一千八百四十二人，最後起訴六千零九十八人，創下歷史紀錄。

忠誠：「……未來不論政治立場如何，只要市民或市民議員，都是市長的主人，我沒有對他們漠視或教訓的權利，因為我會謹守民主政治的一個基本理念，人民永遠是主人。」——馬英九參選宣言

馬屁：有人說，馬屁文化是中國官場的必修課程。馬英九從小唸書直到哈佛博士，只有這門功課沒有留意，理應被當。

馬尾：馬尾不但能趕走蒼蠅，也是提琴琴弓的上好材料，如果獲得支持，馬英九將為台北市民演奏出清新和諧的優雅樂章。

馬腳：馬英九行事正直、不喜逢迎，沒有見不得人的馬腳，只有讓想拍馬屁的人容易碰到的馬腳！

本部分理應「馬賽克」處理，但馬英九從政十六年，從未聽說過他的任何八卦緋聞。所以，這部分不需要遮遮掩掩。

膝蓋：赴美攻讀碩士時，打球不慎扭傷膝蓋軟骨，醫生建議以慢跑復健，從此養成習慣，二十餘年來從未間斷，累計里程超一萬五千公里，相當於台北高雄間來回跑二十點八趟。

馬肉：馬英九在法務部長任內認真查賄，不知擋了多少人的發財及漂白之路，有些人恨得想要學日本人生吃馬肉，於是也有人樂得提出「五馬分屍」。（八十五年六月馬英九離開法務部前，全國一共起訴賄選被告七千五百三十人，其中逾四百人具有民意代表身份，打破國內外任何選舉的記錄；已判決確認者一千零二十四人，判有罪者八百九十二人，佔百分之八十二。）

雖然，馬英九先生並非產品，而是「人」，不過，孫大偉先生卻以產品機能解說的方式，讓台北市民進一步認識他。這篇廣告雖以長文案形式呈現，但嚴謹而精準的用字，突出的創意和說服力十足的內容，讓馬英九先生順利當上台北市長，之後更上一層樓成為台灣總統。

使用長文案形式溝通時，標題必須引人注意外，內文也要寫得淺顯易懂，消費者才會有興趣繼續往下看。

吸睛標題手法十七：引發聯想（類比、比喻及暗喻）

有些產品的特色可能艱深難懂或單調枯燥，甚至覺得講出來很平淡無趣，此時可以換個講法，透過比喻或誇大的形容，就能變得很不一樣。

案例

類比：將兩個相類似的東西，放在一起比較

「嬌生」嬰兒洗髮精就曾以類比手法寫下標題：

天生的，嬌生的

廣告畫面採左右分割兩個畫面，左邊放著可愛的嬰兒，右邊則放一瓶「嬌生」嬰兒洗髮精，標題各自在一邊。兩邊以類比形式呈現，也把產品「不傷膚質、對寶寶最好」的概念表露無遺。

在台灣發生SARS流感期間，「LG」空氣清淨器也趁機推出產品廣告，將日常用語「在家靠父母，出外靠朋友」換個字，改成類比式的標題：

- 出外靠N95，在家靠PLASMA

案例 比喻：「舉例說明」或「換個較具體、容易聯想做比對的形容」

- 最輕盈的重量級美味——Air空氣感起士蛋糕

「azie bun」甜點店拿空氣來形容輕盈，就是一個很好的比喻，簡單、易懂又有趣，也把產品特色表達了出來。

「哈肯鋪」為自家產品法國起司麵包寫下的標題，也是以比喻手法，將內餡起司的鬆軟美味，比喻成人心的溫柔：

- 外表酥脆，內心柔軟——法國起司麵包

「中華豆腐」的標題也用相同手法作比喻：

- 慈母心、豆腐心

想要寫出這樣的標題，就要發揮**五感**（視覺、味覺、觸覺、聽覺、嗅覺）的想像力。大家有空的話，多去翻翻日本漫畫，尤其美食方面的，像是《中華一番》（小當家），可以從中獲得很多文字上的靈感。

案例 暗喻：文字上不明說，留給消費者自行想像

多年前有張水資源的公益廣告稿，就把暗喻的標題下得很好。整張稿子沒有任何圖像和多餘裝飾，全綠的底加上標題，標題只寫兩個字：

陳　扁

各位看出端倪了嗎？「陳　扁」意指陳水扁前總統，中間空格少了個「水」字，「暗喻」現在「欠水」，明白了嗎？這則公益廣告擺脫過去八股或教條式的政府宣傳手法，改以創意的表現形式，告訴大家台灣當下缺水情況很嚴重，並呼籲民眾節省水資源。很有趣吧？這則廣告也因創意手法而得了一座廣告大獎。

另外有一系列呼籲汽車駕駛務必繫好安全帶的公益廣告，也採用暗喻手法，標題寫著：

1993-

數字「1993」印在T恤上，「1993」之後隱約看得見另一組數字，但被穿T恤的主人翁繫上的安全帶給遮住了。很顯然地，廣告暗指若不繫好安全帶，這組數字就跟墓碑上的一樣，記錄著生時與死時的年份了。生或死，就看你要不要繫好安全帶。

很有趣吧！不管明喻、暗喻還是類比，都需要有豐富的文字想像力。平時多看、多觀察，多練習將詞句轉換不同說法，只要常練習，各位也能寫出這類引人聯想的好標題。

使用這類標題，即使換個講法，也要讓消費者看得懂，如果消費者仍看不懂，或是反而看不懂標題的意思，那就本末倒置了。

吸睛標題手法十八：成績與實力

產品如果已經賣得很好了，就直接寫出銷售佳績；如果產品獲得殊榮、國際大獎或有權威學者和專家背書，也不要客氣地將這份榮耀寫出來。只要能讓消費者知道產品受到肯定，就能提高銷售率。

例如：

- 日本銷售奇蹟，熱賣4500萬瓶（「三得利」芝麻明EX）
- 護肝養氣，桂格第一（「桂格」養氣人蔘）
- 99 %護肝滿意度，本草護肝無負擔（「白蘭氏」五味子芝麻錠）
- 狂銷30萬組，人氣No.1（「塔吉特」千層蛋糕）
- 2016年世界麵包大賽亞軍——Emmental起司麵包（「吳寶春麥方店」Emmental起司麵包）

在使用銷售成績的標題寫法時，記得必須有所本，不能胡謅亂吹牛，以免受到消費者指控不實廣告，到時就很難堪了。

就跟前面曾提過的「引經據典」手法一樣，把「數字」拿出來用，**數字最具公信力**。如果能找到專家學者背書，也可以採用「代言人推薦」的標題技巧。

吸睛標題手法十九：對話式

常見的對話式標題有兩種，一種是自己和自己對話，也就是自問自答的方式；另一種則是標準的兩人或兩人以上的對話形式。

自問自答式的標題，和「提出問題」有點類似，不過自問自答必須在提出問題後，同時給予一個答案，省去消費者還要往下找答案的時間，對於沒有耐性閱讀完整篇文案的消費者相當適用。

案例 **自問自答式標題**

迷路嗎？跟著mio走就對了！（「神達」（mio）導航機）

找飯店？trivago（「trivago」飯店比價網站）

沉醉金鯊吸引力？上奇財務部找你（上奇廣告）

哪款車未上市就能從BENZ、BMW及CAMRY中脫穎而出？證據顯示，就是CEFIRO 3.0（裕隆日產汽車）

案例 兩人或兩人以上的對話，則會產生更多趣味性

著名的「PKL廣告公司」曾為「渥史密特」（Wolfschmidts）伏特加酒寫過一系列對話式廣告，我們看一下「伏特加酒」和「番茄」的對話（標題和內文）：

「你是優秀的番茄，我們倆可以合力製成『血腥瑪麗』，我和其他那些傢伙不一樣。」

「渥史密特，我喜歡你，你很有味道。」

渥史密特．伏特加具有純正老牌伏特加酒特有的微妙品味，混入血腥瑪麗的渥史密特，有一種突出的番茄味。渥史密特使每一口酒都不同凡響。

我們再看一則「伏特加酒」和「橘子」的有趣對話（標題和內文）：

「可愛的女孩，我喜歡你。我夠味道，我能把你的優點顯露出來。我會使你出名，到我這來，吻我。」

「上星期和你在一起的那個番茄是誰？」

渥史密特．伏特加具有純正老牌伏特加酒特有的微妙品味，調配「螺絲起子」的伏

特加酒能使橘子神魂顛倒。渥史密特使每一口酒都不同凡響。

「PKL廣告公司」把「渥史密特」伏特加酒這個產品**擬人化**了，把酒設定成喜歡伏特加酒、女人、歌曲、稍愛吹牛的男性，文案的語氣甚至刻意模仿星探的口吻，不但成功為「渥史密特」品牌創造出與其他品牌差異化的獨特價值，活潑有趣的風格也為產品帶來銷售佳績，這一系列廣告更贏得ADC廣告大獎。

案例 鮮喝茶「談判篇」

「光泉牧場」除了「冷泡茶」仍舊長賣外，早期也曾推出另一款茶飲料「鮮喝茶」系列，客層為年輕學子，競爭對手則是「統一」的「純喫茶」。為與「純喫茶」互別苗頭，創造差異化，廣告表現走KUSO路線。除電視廣告，也刊登雜誌廣告，以當年年輕學子最愛的「MSN」對話框作為視覺，標題也採用對話形式。

「我先遇見他，再遇見你的啊。」
「但是她先愛上我，又再愛上你。」
「結果你先認識我，又再認識她。」

「可是我先愛上她，她再愛上你。」
「亂了亂了，鮮喝茶。」
「那現在是怎樣？」
「我愛妳！」
「我愛你！」
「我愛她！」
「她愛我？」
搞不清楚喔？鮮喝茶吧！
「管他的，鮮喝鮮贏！」

不過，由於廣告媒體聲量太小，銷售成績不如預期，沒多久產品就下架了。

以下附上幾個對話式的標題給大家參考：

- 「有什麼新鮮的？」「很多哩！」（美國航空）
- 「躲什麼躲？敢做就要敢當！」（上奇廣告）
- 「還在重重備份？試試更安全穩定的Sony LTO4」（索尼）
- 「喂，請幫我的廚房做檢查！」「好的，馬上來！」（櫻花廚藝）

如果想讓產品的風格較為輕鬆，或想讓品牌或產品變得更平易近人，拉近和消費者間的距離，可以採用這種標題寫法。若再加上漫畫對話框的視覺輔助，效果會更加顯著。

吸睛標題手法二十：一語雙關或諧音

一語雙關或是諧音的標題，可以說是創意人員最愛的手法之一。因為將產品特色，使用雙關語的方式，套上流行語或相近音，可以讓產品更有趣，擴大產品的共鳴對象範圍，並能快速地被消費者記住，還能掀起熱議，成為經典流行金句。

案例　「統一」阿Q桶麵上市平面廣告，標題只有兩個字

食我

「食」和「我」兩個字放在一起，看起來就是個「餓」字，餓了就來「食」「我」——阿Q桶麵吧！真是簡單又有力的雙關語標題！

案例

「中華航空」開放直飛大陸各大城市航班時，也以諧音的方式刊登廣告

廣東粥　北京**墨**寶座　上海湯**包**　台灣麻油**雞**

廣州、北京、上海、台北，七月三日起三通啦！

「中華航空」這張平面廣告標題，乍看以為只是四樣名產，不過，在刻意強調了「粥」、「墨」、「包」、「雞」這四個字後，就唸出標題的玄機「週末包機」了。

案例

紙業以「紙」聯想「只」，除了和產品名稱雙關，也展現產品的獨一無二

紙有春風最溫柔（春風面紙）

紙要Double A　萬事都OK！（「Double A」多功能影印紙）

案例

不一定都用「同音」字，也可以使用「近音」字

好的開喜就是成功的一半！

「開喜烏龍茶」這句廣告標題改自名言「好的開始就是成功的一半」，但看了卻讓人會心一笑，為什麼？除了隱含「開喜烏龍茶」能為人們帶來成功之意，還玩了台語發音「始」、「喜」不分的雙關趣味。

在台灣，利用台語玩雙關的廣告標題其實不少，像是紐西蘭奇異果：

係金A！

既為台語「是真的」的意思，「金」又代表產品為「金」色奇異果，一語雙關。

或者像「白蘭氏．五味子芝麻錠」的標題：

肝苦誰人知

「肝苦」與台語「艱苦」同音，「肝」也和人的辛勞有關，消費者很容易將兩個意象聯想在一起。

以下還有更多的雙關語標題，各位是不是也覺得很有趣呢！試著為自家產品發想看看這種標題吧！

做你自己才叫乖，做你的乖乖！（乖乖）

用大金，省大金（大金空調）

You A.S.O Beautiful（阿瘦皮鞋）

給我小心點兒（「統一」小心點拉麵丸）

給你好看（「瑪丹摩莎」化妝品）

好險有南山（南山人壽）

馬上就會好（馬英九競選總統廣告）

越是簡單，悅氏不簡單（悅氏礦泉水）

先找出產品特色內容的文句，然後拆字找諧音來套。要避開粗俗的語詞，避免造成反效果。

吸睛標題手法二十一：說反話

一般人都習慣正面思考或正面敘述，但正面平鋪直敘有時卻顯得平淡無奇，有時候試試「反話」的句子，反而會有讓人眼睛一亮的意外效果。

案例 「SK-II」系列廣告文宣，雖是反話，但其實是正面期待

二〇一六年，「SK-II」訪問了十六位小朋友一樣的問題：「你的夢想是什麼？」驚訝地發現孩子們的夢想已經被現實影響，因為害怕失敗而不敢有夢，因為想要達成父母的期待而不敢做自己的夢。

為鼓勵成年人大膽做夢、一起幫助孩子找回夢想，「SK-II」在全球十座城市同步舉辦「Dream Again夢想快閃行動」，製作了一系列的廣告文宣，以孩子為主角，標題則以孩子說話——「說反話」的手法撰寫，雖是反話，但其實是正面期待：

- 「長大後的工作只要讓爸爸媽媽開心就好。」
- 「我長大只想當個普通人。」
- 「我從沒遇過活在夢想裡的大人。」
- 「我不能當職棒選手，因為我是全班跑最慢的。」
- 「我不能當明星了，因為我不漂亮，唱歌又不好聽。」

案例 藍哥（Wrangler）牛仔褲也為系列廣告撰寫「說反話」式的標題

- 不愛座
- 愛罰站

這兩句標題的畫面都相同，一個女人站在座位還很多的地鐵或捷運車廂裡，說反話（其實心裡想坐下來），只是為了展露穿上牛仔褲後的修長腿部線條。說反話只要寫得好，即使不能獲得語不驚人死不休的效果，也絕對能在瞬間引起注意與聯想。

以下的標題都是採用這類手法：

- 達美樂六吋比薩只給一個人享受（達美樂披薩）
- 不景氣萬歲（「中興百貨」週年慶）
- 三年來，台北市政府為圖利市民馬不停蹄！（台北市政府）

將原本想寫的字眼換成**反義字**，或套用在**相反立場上**。

吸睛標題手法二十二：比拚

如果一次推出兩種以上的產品，或是產品升級，想讓大家知道新、舊差異，可以採用比拚式的寫法。

不知道大家對日本《料理東西軍》這個電視節目有沒有印象？每次兩隊的廚師各做完一道料理後，主持人一定會問來賓：「今晚，你要選哪一道？」而來賓們總是難以選擇。

對，這類廣告的標題就是要讓消費者**感到難以選擇**，因為兩道都太好了！

所以，通常廠商想要一次推出兩種或兩種以上的商品，並放在同一個廣告裡的時候，採用「比拚式」的標題寫法最適合不過了。

案例 **速食、西點、麵包等和食物相關的產業，很常使用這類標題**

- 超級麵包生死鬥（哈肯鋪手感烘焙）
- 薯泥牛肉堡大火拚（漢堡王）
- 最強雞腿堡大對決，你最想吃哪一道？（摩斯漢堡）
- 壽喜梅花牛PK超級海鮮宴，你想選哪一道？（必勝客）
- 起士狂想曲，義大利麵大對決（7-ELEVEN）

記住，比拚式的廣告不是比較式的廣告。比較式的廣告多以攻擊對手為目的，是將自己的產品與競爭者的產品進行對比或比較，凸顯自家產品的優異。

不是真的要比輸贏，而是要消費者難以選擇！

接下來就為各位介紹比較式的標題。

吸睛標題手法二十三：對比和對仗

案例　對比式標題

這裡所指的對比，指的是「產品使用前後的差異」和「與競爭品牌的差異」，與競爭品牌的差異就是我們常聽到的「比較式」廣告。

產品使用前後的差異，最常使用的標題就是：

- Before……，After……

與競爭品牌的差異則多具攻擊態勢。例如，美國「MG汽車」與另兩部不同品牌的汽車在公路上飛馳，「MG汽車」遠遠超過另兩部汽車，廣告寫著：「**MG還是遙遙領先。**」這句標題就充滿比較的意味。

「百事可樂」和「可口可樂」一直是死對頭，「百事可樂」總認為「可口可樂」是「老邁、落伍、過時」的，而「百事可樂」則是「年輕、活潑、時代的象徵」，於是提出「**新生代的選擇**」，以濃重的挑釁和比較意味，要消費者做出抉擇。

案例 對仗式標題

對仗和對比有點雷同，但對仗式標題的句子多半採用**對聯式**的寫法，既有對比意味，也有互相關聯的意味。以下的標題都是採用這類手法：

- 這題你不是練好幾遍！笨得喔！
- 你不笨！是這題得練好幾遍喔！（台灣公益廣告協會）
- 上半生精力充沛，拚好事業；下半生活力旺盛，顧好健康（「美陸生技」黃金北蟲草）
- 別讓今天的應酬，成為明天的負擔（解久益）

比較式廣告很容易有不實廣告的糾紛，因此，除非**不得已或想出奇招**，否則最好少用這種損人利己的廣告手法。

吸睛標題手法二十四：沒有標題

如果畫面已經說明清楚了，就別再說了！沒有標題的廣告，通常都能從**視覺表現上**，很明顯看出廣告想要傳達的訊息。

例如，「喜克斯」（CKS）立可白的廣告，它以「麥可．傑克森」的黑白畫稿為主視覺，整張廣告稿沒有撰寫任何一句標題，連產品標語都沒有，畫面上只見立可白尖端部分正對著「麥可．傑克森」的頸部塗畫，產品訊息「能立即為你塗白」不言而喻。

同樣的，「KelOptic眼鏡」的廣告稿一樣不用標題，它只是將眼鏡放在一張梵谷自畫像前，透過「眼鏡」看到的部分，是明顯清晰、平滑光亮的臉龐，眼鏡框外則仍是抽象含糊的油彩線條，強調眼鏡清晰可見，讓人一眼就懂。

台灣「克寧奶粉」也曾以一張無標題的平面廣告，獲得不少廣告人的讚賞。畫面是一

張兒童課桌椅，木製的桌面上放著一張小朋友的畫紙，畫紙上畫了小女孩，令人驚訝的是，畫紙旁木製桌面竟出現像是被刻鑿出來的「畫痕」，一旁擺著「克寧奶粉」加上一行產品標語：「Super Kid」，產品的好處顯而易見。

可見，只要**畫面的故事性夠強**，即使只有產品或標語，消費者仍看得懂，甚至反而更容易記住。

> 試著**用畫面去想創意**，但請記得**一定要放產品名**。

下標題5步驟

只要按部就班，通常都能寫出不錯的標題。不管資深或資淺的文案人員，在了解產品後，通常習慣把產品特色列成清單，然後再思考這些產品特色，對消費者有什麼好處？轉換成消費者的最終利益是什麼？一般來說，**找出消費者最終利益**後，標題也差不多成形了，只剩要用哪種手法來表達而已。

文案，真的不難。跟著以下五步驟，多試幾次就會上手了：

一、列出你的產品特色或賣點，找出最強大或最重要的一個。

二、轉換成消費者最終利益。

三、套用看看上述各個標題技巧，寫好後放抽屜，靜置一個晚上。

四、隔天，挑出最滿意或最有感覺的那一個。若自己挑不出來，請其他人幫忙挑。

五、從挑出來的句子，做最後的修潤及精煉。

唯一訣竅：一直寫，不要停，整張紙寫滿為止

寫標題，需要的是多練習。請試著將本章節的每一種標題手法，都寫一遍看看。如果可以，最好寫出不同於上述手法、更多角度或更不一樣風格立場的標題。總之，標題一定要一直寫，不要停，把整張紙寫滿為止。當你不再需要套用任何標題手法了，自然就能寫出屬於自己風格又能吸睛的滿意標題。

6

用副標、內文讓人繼續看下去

副標是銜接主標和內文的橋樑

前一章我們介紹過，一篇完整的廣告文案，除了最吸睛的主標題外，還包括副標及內文。由於副標具有銜接主標和內文，承先啟後的橋樑工作，因此不會像標題那樣變化多端、花樣百出，相反地，它經常得中規中矩地**把產品特色及名稱帶出**，尤其，它必須把前面欲言又止、令人好奇一探究竟的標題，進一步解釋清楚。

例如以下這句標題：

精彩，自己定義

光看標題，相信各位一定不知道在賣什麼產品，但是一加上副標，出現產品名稱之後，就不一樣了：

精彩，自己定義

——全新BMW X3，全面進化

我們再看同品牌的另一則廣告標題：

Benz業務員會叫您明天不要去看BMW！

雖然這句廣告標題出現產品名稱，也很引人好奇，不過，還是無法猜透葫蘆裡到底在賣什麼藥，這時加上副標點出原因，各位也就懂了：

Benz業務員會叫您明天不要去看BMW！

——因為BMW新5系列明天新上市

又如「中華航空」的廣告標題：

「捷」克，這真是太神奇了！

標題乍看之下，大概猜得出一二，不過，還是得靠副標補強說明：

「捷」克，這真是太神奇了！

——中華航空與布拉格航空攜手打造台北—布拉格航線

加了副標，是不是清楚多了？撰寫副標切勿故意寫得讓人看不懂，尤其標題沒有把話說完，副標又要來「猜」一次，很容易讓消費者失去耐性而將廣告跳過。副標必須**安分地謹守配角的身分**，不要搶過主角的光彩。

當然，如果標題可以一口氣把該說的都說完，還能讓消費者繼續保持好奇的眼光，往下看廣告內文，副標題就應隱身幕後，不須出現了。

內文架構要分明，要有順序邏輯

寫出精采吸睛的標題、嚴謹清楚的副標題後，接下來就是廣告文案的「內文」。撰寫內文的目的在於：

一、若沒有副標，可以當作副標用，去解釋**標題為何這樣下**，幫消費者釐清他對標題的疑惑：「為什麼？」「真的嗎？」

二、讓消費者確認你的東西要**賣給誰**。

三、再一次強調**消費者利益**。在內文中多半會再講一次標題，以加深印象。

四、最後就是讓消費者**採取行動**，讓他們知道要去哪裡買、要如何買、產品價格為多少等。

案例

「黑橋牌」形象廣告，雖然沒有副標，但文章結構完整，段落分明，內文也肩負起「標題為何這樣下」的解答任務

黑橋牌美味的祕「心」

當父親將這本老舊的記事簿交給我的時候，我以為這是黑橋不傳的美味祕笈。厚厚的一本，裡頭時而工整、時而潦草的字跡卻只記載著：「一定要用國產新鮮冷藏豬肉」、「一定要用最適合的部位肉」、「香腸採用豬的背部脂肪，要保留大塊肉口感，要用三分肥七分瘦的經典比例」、「絕不可為降低成本而摻入澱粉」、「千萬不可添加任何色素，新鮮原料就能呈現漂亮的香腸原色」、「絕不添加防腐劑」……等等。

與其說這是一本不傳祕笈，倒不如說這是他對我的叮嚀：叮嚀我做食品要有良心，要從基本做起，要用做食物的初心製做好食品，才不辜負消費者對我們的信任。在這本記事簿裡，我看見了父親的堅持，原來，美味沒有祕笈，唯有用心而已。

——用好心腸，做好香腸

黑橋牌食品

案例

標題無法一眼辨識出消費者是誰，在內文裡就要讓消費者確認你的東西是要「賣給誰」

在「安泰人壽」的求才廣告中，一個西裝筆挺的中年男子背對鏡頭，肩膀卻印上一個沾著泥土的大腳印。標題寫著：

放膽踩上來

從標題來看，渾然不知說話的對象是誰，再往下看內文：

踩在巨人的肩膀上，眼光會更遠大。
只要來談談，我們樂於做你的墊腳石。
ING安泰「新秀計畫」招募中！

看完內文才明白，原來是徵人廣告。說話的對象是「社會新鮮人」，內文也很稱職地把消費者對象給說清楚。

案例 撰寫內文時，再強調一次標題提及的「消費者利益」，加深印象

若是需要讓消費者理解怎麼吃、怎麼用、怎麼玩，都要在內文裡講清楚。以「中華電信850乘車安全紀錄服務」廣告為例，標題寫得相當吸引人注意：

> **嘿嘿Taxi！我們的關係不再緊張**

但，標題並沒有將產品解釋清楚，於是再補上副標：

> 中華電信行動電話「850乘車安全紀錄服務」保護您

看完副標，自然就會明白這產品在賣什麼了。好奇或感興趣的目標消費群自然就會想進一步往下看，到底是如何「保護」他們？

深入說明的內文，除了解釋如何保護（使用方法）外，也必須再次強調標題提到的消費者利益，加深印象：

> 乘車時，只要在手機輸入「850」和汽車牌照橫線後3或4碼，中華電信行動電話「850乘車安全紀錄服務」立即啟動，記錄我所在的時間、地點、地區與車號，讓我的乘車安全更有保障，謝謝中華電信「850」，真的讓我很有安全感。

文案人員在寫內文時，多半會在腦子裡想一遍「**文案架構**」。尤其是長文案、說服力要很夠時，最好能先確定每一段落的「骨架」，再依序填肉，寫起來才會有層次、段落分明、主題一致。就和寫作文一樣，必須要有「起承轉合」，讀起來才會流暢通順。

好用的6大內文型式

文案內容千變萬化，可長、可短，可感性、可理性，可幽默、可諷刺，也可煽情、灑狗血，沒有規定怎麼寫才是最好的，只要能巧妙地詮釋主題，風格一致，讓消費者願意看完全文，就是一篇好文案。

常見又好用的內文型式大概可歸納為以下六大類：

一、演繹式內文

簡單的說，就是「因為……所以……」推論型的內文。**前面先說原因，再講結論，一步一步說服消費者**。這種內文寫法最為常見。

案例

「裕隆日產汽車」感心服務系列「DIY免費學修車」

最愛修理男人……和車

別再用修車來恐嚇我。
修車？不就是那麼回事，可以輕鬆搞定的事，何必假手他人？
檢查、加水、換油、充電……。沒試過，妳怎會認定很難？
相信自己做得到的事，就能成為妳的專長，
現在就報名NISSAN DIY免費學修車活動，
讓男人和車，都成為妳的絕活。

案例

榮獲第二十六屆「時報廣告金像獎」企業形象類銅像獎的「麥當勞」米食「炊煙篇」

現做的美味！

美味背後，隱藏著數十道以上作業手續！單單山水米，就經過「炊飯五部曲」：
「選、泡、油、燜、撥」──選米、浸泡、添加橄欖油、燜煮、撥鬆等十數個動

作。遑論，在嚴格控管溫度、時間之下，所炸、所燻、所炊、所烤的主要肉食。最後一道，更為繁複：淋上以獨特香料、祕方調配的濃郁醬汁。一一循序精製，方為大功告成！現做之味，新鮮開飯。

按部就班地把來龍去脈解釋清楚，然後一步一步說服消費者，就是這種內文的寫法特點。

標題雖很重要，但是內文要寫得精采也不容易。例如：

案例

「白蘭氏」四物雞精不只標題引人注目，精闢的見解也讓內文變得很有說服力

身體聽你的，世界也會聽你的

當一個女生開始說：「我要在這個世界上，有所成就……」最先舉手反對的，卻常常是……自己的身體。女生要說服自己善變不聽話的身體，真的要多花一點心思。白蘭氏四物雞精是純粹天然的漢方營養，能幫妳一起管理好自己的身體，溫和而且持續。身體聽話了，妳才會覺得天下無敵。然後，妳就可以用自己喜歡的方式，裙擺搖曳地站上世界的頂點。

二、結論式內文

和「演繹式內文」剛好相反，「結論式內文」先「果」後「因」，以倒敘手法，先講結果，吸引消費者的注意後，再去解釋為什麼。

案例

「好自在」衛生棉「美少女守則」第一條

前標題：好自在美女少女守則第一條

標　題：不厚道

副標題：不跟厚的棉片打交道

內　文：說到厚棉片，Sorry，我再也不會跟它做朋友了！

感覺粉不舒服，還被小花笑走路像唐老鴨，我現在是一心一德，貫ㄔㄜˋ始終，只用粉薄、粉吸水的好自在，呵呵呵，它的瞬捷吸收層裡面，真的有吸水珠珠，God！粉會鎖水喲。水喲！不厚道的女人最美。

標　語：棉片最薄，保護最多

看懂了嗎？內文的第一句話，就破題寫下結論：「再也不跟厚棉片做朋友了」，這就是典型的結論式內文。

案例

「太子汽車」高跟鞋篇

在Auto21，女性受照顧的程度比男性高一點

如果妳擁有能力，卻找不到好的公司走出一片天，Auto21將是妳最好的出路。因為，我們正積極培育對生活車及休旅車有熱忱的優秀女性，並以同業唯一的Lady Care Program激發妳的潛能。我們不在乎妳的年齡，不關心妳的就業次數，只要妳擁有一顆二十五歲的心，並期待與銷售長紅的SUZUKI Solio一同發展，妳一定能在Auto21快速晉升事業主管。

撰寫結論式內文時，一定要勾引消費者的好奇心，要讓他們看了後，心裡急著想找出「為什麼？」的答案。只要能勾出他們找答案的慾望，這篇內文就算成功了。

三、點列式內文

顧名思義就是「重點說明」，通常只有簡單幾個字，頂多一句話就交代完畢。通常第一個字前面會**用符號區隔**，例如小圓點或三角符號。

案例

「黑橋牌火腿」的點列式內文

標　題：這招……，不是誰都會！

副　標：只有含肉率高達80%的黑橋牌火腿，才夠Q彈不腰折！

內　文：
- 堅持採用當天配送新鮮豬肉
- 堅持不添加防腐劑、味精
- 堅持業界最高含肉率，大塊肉看得見

案例

「三陽機車」Woo 100，具有機能或功能性的產品，也常使用點列式內文

標　題：走自己的路

副　標：三陽Woo 100 Efi美麗騎機新上市

內　文：
- 63km/L同級車最省油
- 90Kg同級車車重最輕
- 740mm同級車座高最低

四、解決疑難式內文

這種寫法就是以疑問句的方式開頭，先提出問題，再給予答案。

案例

第二十六屆「時報廣告金像獎」分類廣告的佳作，「友達光電」的徵人廣告

你在哪裡？想到哪裡？選對人生的方向不靠指南針，靠「智慧」

你看到自己的位置了嗎？你知道自己要去的地方嗎？無論你從哪裡來，要到哪裡去，你都會不斷地面臨抉擇，而將來，就是串連你所有選擇的結果。看似簡單，實則不易，要做出正確的判斷，走自己的路，需要勇氣，更需要智慧。尤其是要能獨排眾議，為所當為，友達光電抉擇了一個不一樣的方向，卻創造了全國第一，全球第三的格局。現在，抉擇權在你的眼前，你夠睿智嗎？

目標對象是求職者，整篇文章以提問方式，正好命中求職者對人生階段的迷惘，是一篇很能洞察人心的好文案。

案例

「地中海會旅行社」（Club Med）的廣告採用詼諧、誇張的語氣，讓人印象深刻

標　題：提案？別管了！

副　標：等我從Club Med回來再說！

內　文：哇卡，我多久沒放年假了？非得操死我才甘願？

我難得一趟Club Med……

四天三夜峇里島，才16,800元，你告訴我提案重要？

還是Club Med重要？

五、抒情式內文

前四種內文型式類型多為**理性**陳述，抒情式的內文則較**感性**些，多以散文或詩句形式呈現。

案例

「左岸咖啡館」系列廣告中的「下雨喝一下午咖啡」，典型的抒情式內文

下雨喝一下午咖啡

聊賴的午後，我獨自走在蒙巴那斯道上，

突然下起雨來，隨手招了一輛計程車。

滿頭白髮的司機問了三次「要去哪？」我才回過神。

「到……」沒有預期要去哪的我，

一時也說不出目的地。

司機從後照鏡中看著我說：「躲雨？」我笑著沒回答。

雨越下越大，司機將車停在咖啡館前要我下車。

「去喝杯咖啡吧！」

他揮手示意我不必掏錢了！

來不及說聲謝謝，計程車已經回到車陣中。

走進冷清的咖啡館，四名侍者圍坐一桌閒聊著，

見到我後立刻起身，異口同聲：「躲雨？」
我笑著不知該如何回答。
午後一場意外的雨，
讓我一下午，見識了五個懂「讀心術」的人。
喝了一下午的咖啡。
左岸咖啡館

散文型式的抒情式內文，裡頭多半會有人、事、時、地、物及發生情景的描述，可以是心情日記，也可以用說故事的方式去寫。

案例

「7-ELEVEN」國民旅遊——鐵道之旅系列「南迴線篇」

南迴線，每日營業五十五分鐘的火車站
乘著南迴線，沿著無際的台灣海峽，開始攀爬中央山脈尾端時，臨海聳立半山腰的枋山站就在眼前了。

每天僅僅兩班車光臨的枋山，可能是全台灣營業時間最短的火車站吧！下午二點半左右，往台東的「白鐵仔」普通車抵達前，隔壁加祿車站就會派員，騎著摩托車噗、噗、噗地趕來開門售票：十五點二十五分往枋寮的火車走後，便又拉下鐵門結束一天的送往迎來。

從加祿趕來的站員伯伯驕傲地說：「千萬別小看這只開五十五分鐘的火車站，每逢假日的售票窗口前，可是跟賣座電影一樣大排長龍，都等著買一張由枋山發出的硬式車票。」

太陽開始往西了，火車轟隆隆地向東去了。

枋山站的今天也打烊了。

是不是很有感覺呢？寫抒情文最重要的就是要「放感情」進去，才會動人精彩。

案例

「DyDo」咖啡的廣告，饒富詩意

日系作家的噴嚏，趕上了捷運

東京一發生流感，兩個月內，

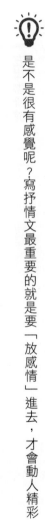

病毒的魔爪就會伸到台北人的喉嚨搔癢，
捷運是最大眾的運輸工具，理所當然載著最普遍的流行。
類似的流感特質，似乎也藏在村上春樹的墨水裡，
記得當時，在捷運上用閱讀吞食時間的書蟲們，
有許多人將頭埋進挪威的森林中，
張大著眼睛聽風的歌，雙手輕捧著百分之百的女孩，
甚至為經歷一場尋羊冒險記而忘了下站。
深入日本民間的日本寫作達人，
一連打了多年噴嚏，
你我跟著感冒，而且高燒難退，兩眼發紅，
但沒人想痊癒。
日本達人技藝，瀰漫你我的現在和過去，
DyDo咖啡，日本達人嚴選咖啡原豆，
現在用真實的香氣，觸動台北人的感性。

這篇內文大量引用村上春樹的作品，用書名串成句子，完全跳脫常規文法與文字邏輯，充滿想像的詩意與美感，是不是也很有韻味呢？

抒情式內文的「詩句」型式寫法較不容易，它的文字會有更多的想像，像寫詩那樣，多以一段成一行的方式呈現，字句有時也會出現跳躍、斷行的表現。

案例

一直以藝文為訴求的「統一・飲冰室茶集」，找知名作詞人方文山寫了詩一般的廣告文案

以詩歌和春光佐茶

春光微甜　心跳灑落在你與我平行的另一邊
我用來佐茶的是
與你相關的　那天

喜歡寫詩的朋友，可以試著將詩句般的文字魅力用在內文裡，也許會有出乎意料的成果呢！

六、對話式內文

有時候，為讓內文更好閱讀，或者想讓風格更有趣味，可用對話式的手法去寫。前面曾跟各位介紹過「渥史密特」伏特加酒的廣告，也是採用對話型式，不過，那是直接將對話當標題使用。這裡的對話則是運用在內文裡頭。

案例

「巴尼服飾」的廣告文案

竊竊私語！

「看到他衣領旁的皺褶了吧？」

「看到啦，怎麼會這樣呢？」

「那是因為他的衣領太高。」

「喔……」

「也就是說，他的衣服不合身。」

「嗯，的確。」「我以前也一樣。自從到巴尼服飾買衣服後，情形就不同了，他們的衣服就是合身！」

「不錯嘛！」

「而且，他們有七十六位謹守行規的裁縫師，他們對衣服的剪裁是否合身，非常在意。」

「我的裁縫師也一樣！還有什麼？」

「你實在應該去巴尼服飾看看。」

「為什麼？」

「因為你的衣領下方有皺褶！」

這篇文案把竊竊私語的口氣寫得很有趣，光看對白就很有畫面感，而且對話中巧妙地把產品特色強調清楚，又不會覺得突兀，是一篇相當精彩的對話式內文。

案例

「DyDo」咖啡系列廣告，沒有明顯的特定人物，反而像是在跟自己對話，或對正在讀文案的某人講話

在薪水還沒減肥前，減糖吧！

景氣越不好，大家在辦公室裡的脾氣就越來越好，

這應該也算是一種「不幸中的大幸」吧。
如果跟「你就做到今天！」或者「我的座位怎麼是空的！」比較起來，
減薪的消息聽起來其實還蠻溫柔的。
所以啊，把委屈的事情交給荷包去煩惱就好了，
一定要把快樂送給身體──給自己喝點很有健康意識的DyDo減糖咖啡歐蕾，立刻振作
起來！
有人說，留得青山在，不怕沒柴燒，
雖然現在談伐木砍柴不是很環保，
但也算是一個很有建設性的想法吧！

寫對話式內文時，記得要**想像有個人在你面前**，盡量使用聊天的口吻和語彙，才能讓更多的讀者對號入座，引起共鳴，也能因此拉近距離。

掌握寫好內文的訣竅

內文要寫得好，要讓人看得津津有味、百看不膩，請記住下列幾個提醒：

一、先寫得真，再寫得好

剛開始寫內文時，不要想一口氣就妙筆生花，而是先把你想講的事或話，用最簡單、直白的方式寫下來。想到什麼就寫什麼，這樣寫起來會比較輕鬆，沒有壓力。

等到寫滿一張紙，或再也沒內容可以寫了，才開始挑出你有感覺的句子，再進行修刪改寫，適當地加入有趣或特別的形容詞。

要記得，內文的主要目的在於讓消費者理解產品，你要做的是說明事實，而非誇大不當或廣告不實的形容詞。**內容的正確遠比用字遣詞更為重要！**

二、要寫得像是和人面對面聊天

廣告大師奧格威曾被提問：「你寫的汽車廣告文案為何可以寫得那麼深入淺出？」奧格威回答：「我只是想像我坐在爐邊沙發上，跟我的好友聊這輛車子。」

內文不論長短，都要用**說話的語氣去寫**，寫得白話，寫得平易近人，寫得像是在跟「某人」聊天，讓讀者看了以為你是在跟他聊天。

案例 **「福斯汽車」金龜車廣告**

廣告畫面就只是一輛金龜車的俯瞰照，引人特別注意的是，車身到處都是大大小小用粉筆打勾的白色字跡。廣告文案寫著：

這些代表我們檢查一輛金龜車的次數

這些是我們生產的小車在工廠獲得OK的一部分。

OK和NO是很容易區別的，你很容易看出一個代表NO的符號。我們僱用五千八百五十七人就是為了讓他們說「NO」。

「NO」就是「不通過」。一位來自巴西的參觀者問：「我們該如何處理有凹陷的車頂？」

凹陷是很容易敲平的，而我們的做法著實使他震驚，我們拆下那車體，把它丟到廢料場去。一輛VW車經常因為一些連你都不會注意的小問題，而被我們從生產線上剔

除。車廂內鑲板是否密合？車門邊是否修飾完成？在最終檢查後，VW車必須經過三百四十二項檢驗而沒有一點不符。五十輛裡有一輛無法通過檢驗，您實在應該瞧瞧一輛全部檢驗過關的車。

三、多用短句子

現在的人都沒什麼耐心，如果可以用簡短的句子講完產品特點或好處，就不要寫太多廢話。很多時候，短句子更有力，也更容易記憶，因此，若非必要，不用刻意讓內文變成長文案。

案例

「台灣高鐵」廣告

星光列車，只有為你

高鐵會員TGo限定，周一至周四指定車次75折。

這則廣告標題聳動引人注意，而內文也不囉嗦地用短句子就把優惠重點講得一清二楚。

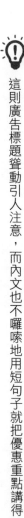

四、使用長文案要有技巧

前述第三點提過，現在的人很沒耐心，就算有耐心，也可能太忙，沒時間讀長文案，因此，能避免使用長文案就儘量避免。若非用長文案不可，以下幾個小技巧，供各位參考：

㈠一個段落只寫一個重點

每一個段落只要詮釋一個重點就好。如果想要陳述另一個重點，或是產品的特點有兩個以上，就再另起一段文案，這樣除了可讓段落分明、比較好寫外，如果突然想要刪減或合併時也比較容易。

㈡每一段落的開端，適時加入連接詞

加入連接詞可使段落與段落間的銜接更緊密，同時能讓文案讀起來口語化，語氣更自然，具有像是在跟朋友聊天般的效果。

文案段落的開始，常見連接詞包括：**例如、據、試想一下、更重要的是、從另個角度來說、值得一提的是、令人驚訝的是、不過、如果、所以、以前、如今、展望未來、當然、更何況、又或者**等，各位只要善加利用，一定能讓文案讀起來更順暢自然。

案例

「東芝」（TOSHIBA）洗衣機廣告

他本來只想買洗衣機，不小心買了一家洗衣店

媲美專業洗衣店的洗衣品質

TOSHIBA洗脫烘**三合一**洗衣機

在TOSHIBA洗脫烘三合一洗衣機出現之前，大家以為世界上的洗衣機都差不多，沒想到有的洗衣機不只洗衣服，還能讓生活更自由。

例如：只要把髒衣物丟進洗衣機後，就能安心看連續劇或逛街，因為省去晾衣的麻煩。如果第二天就要穿的衣服髒了，半夜洗也不擔心噪音影響鄰居安寧。即使梅雨季節，家裡沒有晾衣空間，還是能每天穿到乾爽潔淨的衣服。早上多睡半小時美容覺，因為洗完的衣服不容易皺巴巴，不燙穿去上班也很美觀。

當然啦！人都很好逸惡勞，自己不想做的事最好別人都幫你代勞。因為這樣，原本只想買部洗衣機，卻買了一部洗衣品質媲美洗衣店、只要把髒衣服丟進去，就能獨立自主洗脫烘三合一的TOSHIBA洗衣機。

(三) 善用小標題

幫助讀者**提醒重點**，小標題是最快也最有效的方法。讀者即使沒辦法將全篇文案讀完，至少也能從小標題一覽通篇重點；使用小標題同時還可區分段落，讓整篇文章讀起來更輕鬆而有條理。如果不知道怎麼寫小標題，可以先把整段文案寫完，再從裡頭挑出最精采的字句變成小標題。

案例

「三陽機車」Woo 100 EFi廣告

Go時尚：同級車唯一具備mini風格外型，線條前衛夠漂亮

Go省油：63km/L同級車最省油，榮獲節能標章，夠經濟、夠環保

Go輕巧：90Kg同級車車重最輕，FLOOR收腰設計，架車夠easy

Go舒適：740mm同級車座高最低，腳踏實地；平坦踏板設計，騎乘夠舒適

Go聰明：全車搭載智慧中控鎖及斷電開關，輕鬆防盜夠安心

Go貼心：加長型雙置物掛勾、前開放式500C.C.置物容量夠便利

五、結尾要能「促動」，或重申品牌承諾

一篇文案好不容易寫到最後，如果沒有催促消費者行動，提醒他們趕快打電話來買、告知它們要去哪裡賣、如何買，就白花力氣了。所以一張完整的廣告文案，一定要放上基本資料：像是公司名稱或品牌商標、消費者服務專線、門市地址或上網搜尋等字眼。如果在各大通路也能購買得到，擺上「7-ELEVEN」、「屈臣氏」或「奇摩購物」的商標也是不錯的做法。如果正好舉辦促銷活動，可以試著在文案結尾處把**「只到今天」**、**「機會不再」**、**「只剩最後幾組」**等急迫性的字眼放進去，效果則會更好。

案例

「東芝」影音播放機的結尾文案

真正的品質是物超所值。DVD的BEST BUY，最低消費16,900元，即可入門TOSHIBA DVD SD-300的影音世界，隨時享受耗資千萬的電影魅力。購買TOSHIBA旗艦機種SD-K310T贈送兩片DVD，多了兩片，價格26,900不變，即日起至4月30日止。

案例

如果做的是品牌形象廣告，結尾則要重申品牌或產品的承諾

- 史谷脫紙業的看法是：產品的品質，無論家用或工業用，都應該同樣優秀，假如沒那麼好，請您不要買（史谷脫紙業）
- 每位搭乘國泰航空的旅客，都能在翱翔萬里後，依然神采飛揚的赴約！（國泰航空）

記得使用符合目標消費者的語氣，使用他們能理解的文字，不要使用生澀難懂的字眼。內文只要能把訊息完整地傳達出去，就會是一篇好文案了。

Note

7

讓電商文案提高產品銷售率

什麼是電商文案？

我們常見的廣告文案一般分為兩種：「品牌文案」和「產品文案」。品牌文案多為形象廣告，為提升好感度或維持品牌知名度而寫；產品文案則是為了銷售產品而撰寫。

「電商文案」屬於產品文案的一環，但文案內容會比一般平面廣告更詳盡，而且，多以長文案形式呈現。簡單的說，電商文案就是專為電商購物平台或官網銷售頁面上的產品，所撰寫的文案。

舉例來說，在「全聯福利中心」發行的型錄裡頭，經常可以看到不同的廣告文案。以下這兩句標題都是「品牌文案」：

- 我只穿西裝，我只去全聯，只愛我老婆
- 省錢就像白T牛仔褲，永不退流行

以下這兩句則是「產品文案」：

- 你知道奧利奧泡在牛奶多久最好吃嗎？

Attack抗菌EX，全新進化論，除菌除臭，超日曬級潔淨

看出差異了嗎？雖後兩句也是產品文案，但是和接下來要再介紹的「電商文案」比較起來，比較簡單扼要。電商文案除了**產品說明更詳盡**外，最重要的一點是，它具有**更強烈的銷售意圖**，要讓那些對產品有興趣的人，在看完產品介紹後，被推一把，即時採取行動，按下「訂購」鍵，送出「訂購單」。

而這能讓消費者完成「訂購」程序的文案，才是一篇成功的「電商文案」。

撰寫電商文案的3個關鍵

電商文案的任務，是讓消費者在看完文案後，立即採取行動，下單購買。在撰寫電商文案時，要能滿足以下三個關鍵：

一、要有解決問題的能力

不要急著想推銷什麼，而是先想清楚「消費者想看到什麼」。不論賣的是產品還是服

務，文案都應以「解決消費者的問題」為目標，並告訴消費者，「產品力，就是解決問題的能力」，我的產品會怎麼解決你的問題。

二、要有嚴謹的說服邏輯

要讓消費者心甘情願地掏出錢來，就要一層一層像剝洋蔥般卸下他的心防。消費者耐性有限，因此每一段落的文案都很重要。段落與段落之間的銜接要有流暢的邏輯，才能說進消費者的心裡。

三、要有詳盡的資訊說明

無論內行人或外行人，都要能從你寫的文案裡，看懂你賣的是什麼產品、有什麼特色或能帶給他們什麼好處。要提供詳盡的產品細節，讓消費者理解你的產品的每一個功能都有它的重要意義。

4段式架構——有效的剝洋蔥寫法

由於每個產品的功能特色不一，能介紹的內容多寡也不同，因此一篇電商產品文案的篇幅長短都不一樣。最普遍的文案長度大概和四至八頁的廣告型錄或DM差不多。不論頁數多寡或篇幅長短，電商產品文案的架構都差不多，主要分為四大段：

第一段：開場
第二段：說服
第三段：證明
第四段：促動

把架構拆解成四大段，能讓各位更快理解電商文案的寫法與內文邏輯。四段內文沒有長短的規定，每一段內容若有需要，可以增加篇幅或調整比重。最重要的是，要讓消費者被一段一段的文案牽引，並且興味盎然地往下看，最後掏出錢，把產品買回去。

第一段：開場

和平面廣告的「標題」功能一樣，「開場」是電商產品文案最重要的一個環節，目的在於引起注意與興趣。如果開場不吸引人，消費者就不會繼續往下看了。

前幾章教大家的標題技巧，各位是不是也躍躍欲試地想套用在電商產品文案上使用呢？

不，千萬不要。

開場雖是標題的一種，也和標題一樣肩負「吸睛」的目的，但因為媒體屬性不同，平面廣告上的標題未必適合運用在電商產品文案中。各位知道嗎？網友瀏覽一個網站頁面平均只有三秒鐘，標題必須在三至五秒內完成傳遞訊息的功能。拐彎抹角、欲言又止的平面廣告標題，在電商產品文案中就不那麼吃香了。

網友上網都是為了有利於他的好處、有益於他的情報或能解決他的需求與問題。不要以為大家都認識你的產品，不要預期消費者都懂你的產品跟功能是做什麼的，消費者對你的產品的認識程度很可能是零。

開場的標題最好：

- 要能夠讓消費者迅速認知產品對他有幫助
- 要能夠讓消費者心裡產生畫面或場景
- 要設想你的產品在消費者心裡的場景中發揮什麼作用

下筆之前，你一樣必須思考在第一章提到的「5W」。至少，你要知道：你的顧客是誰（WHOM）？這項產品有哪些重要特色（WHAT）？顧客為什麼要買這項產品（WHY）？想清楚後，通常標題就跟著出來了。

開場手法主要有以下三種：

一、提出問題

提出一個消費者心中在意的問題，這個問題必須是你的產品能夠解決的。

例如：

- 您的身體還充滿著青春活力嗎？（「三得利」芝麻明EX）
- 每次煎魚都失敗嗎？（「康寶」煎魚幫手）

二、描述場景

描寫消費者遇到問題時的狀況或場景，讓他認為你能理解他的經歷。

例如：

好漂亮啊！京都之櫻

再訪京都！我被有名的退藏院櫻花感動了！

「總算見到面了」。我看著滿開的櫻花，如此自言自語。你有聽到嗎？櫻花的粉紅將春天更添一層色彩，彷彿像是害羞一樣呢。這次我為了賞櫻而又來到了京都，而這裡則是有名的日本最大禪寺妙心寺的「退藏院」。這個庭園裡盛開的「枝垂櫻」，以美麗而聞名。雖然日本全國各地都有賞櫻景點，但是我最喜歡的就是這裡了。櫻花的種類有很多，「枝垂櫻」的花會像是包圍著櫻樹般垂下來，美不勝收，宛如櫻花浴一般呢。我站在樹下仰望著櫻花，邊說「我特地來看你的呢」。純情的花兒好像微笑般地在風中搖曳著。（「JCB」卡促銷活動）

一早老闆就交代今天要把文案寫好。眼看要下班了，Word檔還是只有幾個字。網路

上看到別人都寫得很好，自己卻不知如何下筆。奇怪，我明明是業務企劃，為什麼還要寫文案？（「范范寫字樓」文案講堂）

三、說明幫助

直接說明產品帶來的好處，這個好處正是可以幫助消費者解決問題的辦法。

例如：

餐後新選擇，
隨時補充三種植物多酚！
淬取植物多酚polyphenol，
調節生理機能，促進新陳代謝。
輕鬆補給精力湯以及蔬果汁的好元氣。（「老協珍」養生飲）

「一天一瓶，戰勝體脂肪！」唯一獲得國家健康食品三項認證綠茶，健康兒茶素含量為市售綠茶中最高，每天只要一瓶，就能維持好身形。大魚大肉也不怕！（「維他露」每朝健康綠茶）

第二段：說服

開場寫完了，接著要在下一段詳盡說明，「為什麼我們可以解決問題、滿足需求」，要用產品特色和消費者最終利益去說服消費者。「說服」是進一步對消費者詳盡解說產品特色能提供他們什麼好處及承諾，目的在於增強購買的信心。

想要寫好「說服」，必須對產品深入了解，了解愈多，就愈能思考用什麼語彙去說服別人。介紹產品特點時，要將「產品利益」轉換成「消費者的最終利益」。轉換的方法，各位可以參考第四章的技巧。

例如，上一段說明開場時介紹的「三得利．芝麻明EX」的開場是：

— 您的身體還充滿著青春活力嗎？

接著進一步說明，產品的哪些特色可以幫助解決問題：

— 用「芝麻素」與「玄米多酚」，將逐漸流失青春活力的身體，轉向良好的循環！

若產品擁有更多功能，可以再進一步解說，「加強」說服：

「青春活力的成分——芝麻素」＋「調節生理機能——玄米多酚」＋「養顏美容——維生素E」，三得利獨家「三效合一」讓維持青春活力的能力，完美發揮最大的力量！

記得，在「說服」消費者時，用字要盡量簡單易懂，讓消費者很快就能理解產品說明：

一、**少用生硬或冷門的專業名詞**。非用不可時，應以簡單易懂的說法或舉例解釋。例如：「CPU」可以改為「電腦的心臟」，心臟愈有力，做事更有勁；「RAM」可以改為「記憶容量」，容量大、運算快。

二、**避免空洞無感、沒有具體感受的形容**：多使用帶有具體感受的數據、名詞或比喻。例如：「開機超快」改為「三秒鐘完成開機」；「專業團隊」改成「擁有二十年行銷經驗的團隊」；「讓『人』『感動』的禮物」改為「讓『父親』『忍不住眼眶紅潤』的禮物」。

第三段：證明

當消費者已慢慢被你提出的產品特色和消費者最終利益說服了，而產品特色正好有更多的依據足以佐證所言不假，就可以再進一步提出更多有力的佐證，消除他的疑慮，增強他的購買信心。

「證明」就是提出佐證或依據，展示購買者的使用者體驗，說服消費者相信你的承諾不假。目的在於消除消費者的疑慮。

我們繼續以「三得利．芝麻明EX」為例，在提出產品特色後，接連提出兩個佐證數據，強化消費者的購買信心：

農學博士新免芳史，長達約三十年的研究，發現並理解芝麻中稀有成分「芝麻素」的作用。

高達92.3％愛用者感到滿意

「芝麻明EX」讓您持續地維持青春活力！綻放年輕自信！

注意到了嗎？「證明」的寫法，是不是和第五章技巧裡的「引經據典」相同？對，沒錯，口碑見證、數字成績、得獎實力等，都可在這裡用上，而且非常具有公信力和信賴感。

各位一定想問，如果是新產品，才剛上市，或是上市時間短，並沒有特別口碑或是使用者見證怎麼辦？各位可以試試以下幾個方法：

一、花錢找專家、權威代言，若沒預算，只好請老闆自己出來背書。

二、文案中特別強調品牌主張與理念，展現你們對於產品的用心。

三、把製作產品的細節寫出來。

四、增加「提供sample免費試用」，或「滿意保證」、「無效退費」等字眼。

第四段：促動

當上述三段文案都已完成，別忘記給消費者最後的臨門一腳。「促動」就是文案銷售的臨門一腳，對產品有興趣的人看到最後時，你必須再推一把，提供各項購買管道及配套優惠，讓對產品已心動的讀者馬上採取行動、送出訂購單。

能看到文案結尾的人，多半已經對你的產品感興趣，只是還在猶豫、觀望，因為還得再過一個門檻——這個門檻可能是心理因素，也可能是實質誘因。你必須在最後的段落，提醒他下一步該怎麼做。

提醒他的方法有兩種：一是「誘之以利」，二是「動之以情」。

一、誘之以利

對於那些已將電商文案從頭看到尾仍在猶豫的消費者而言，通常都是因為價格因素。最快、最有效的解決方法就是提出具體「利」益，讓他知道現在行動正是時候。千萬不要讓他有猶豫的機會，要讓他覺得猶豫只會流失機會。例如：「現在下單，好禮再加碼三選一，活動只到月底！」「今天買，再折五百元，年前最後一檔，只有今天！」

前述舉例的「三得利．芝麻明EX」在電商文案結尾的地方，以優惠方式補上臨門一腳：

立即訂購享增量10％（約三天份），日本原裝免運費！

二、動之以情

消費者在意的，不一定是優惠價，也可能是「心理的滿足」：

- 買一組送爸爸，讓爸爸感受到你的孝心！
- 用這份禮，送給父母，讓他們看見你成功的人生！
- 用這稀世珍禮送給她，讓女友看見你對她的愛！
- 每天不到十塊錢，換一個安心的未來！

如果你的產品價格真的已經壓得很低，無法提供更多的優惠時，也可以試試「動之以情」的寫法，用真心和誠意去打動對方。文案的語氣要像是跟老朋友聊天談心、寫信，用誠懇的口吻，取得他的信任。

要讓消費者感覺你很用心、很認真替他著想，你可以這樣寫：「我們不希望黑心食品佔滿新聞版面，我們的目的不是為了賺錢，我們甚至不惜成本，只想讓社會相信台灣還是擁有值得信賴的食物。看到很多人吃過以後願意相信世上仍有美好事物，我們就很開心了。推廣期間，我們賣一個賠一個，這一批是今年最後一批了，這個優惠價也是最後一次了。今天中午前下單，明天送到，讓我們陪你一起迎接正向的明天。」

或者，讓他感覺到你的承諾是真心的，例如：

> aPure除臭專門健康襪十一年來行銷數百萬雙，已幫助數十萬人解決腳臭困擾，在全世界除極少數特別案例外，多能在三天內明顯降低足部異味。本公司鄭重承諾，如果用戶穿過無效的襪子，寄回本公司，在確定寄回襪子帶有臭味，立即在兩個工作日內退費給您。這是aPure除臭專門健康襪的品牌承諾。我們深知，唯有貨真價實，誠信經營，企業品牌才能長長久久。唯有一點溫馨提醒：敬請依照本產的洗滌方式，不要用漂白水或柔軟精，以免損傷纖維的使用壽命。（「富達康」（aPure）除臭專門健康襪）

跟消費者說真心話，談談心，可以讓品牌更有人味，讓產品更有溫度和感情，知道這個產品是用心製作出來的。

案例 「老協珍」養生飲

我們來看一個完整的文案範例：「老協珍」養生飲雖有找來明星徐若瑄代言，不過，在官網的文宣，仍是以電商型式呈現。

首先，直接以「說明幫助」作為開場：

第一段：開場

餐後新選擇，隨時補充三種植物多酚！

淬取植物多酚polyphenol，調節生理機能，促進新陳代謝；輕鬆補給精力湯及蔬果汁的好元氣。

第二段：說服

超越傳統蔬果汁，更勝精力湯！

輕鬆補給好元氣，三餐飯後幫助消化更暢快。

精選甜菜根、山楂、無花果等中西方養生食材透過80℃恆溫淬取技術釋放「植物多

酚polyphenol」精華促進新陳代謝，輕鬆補給好元氣。

上班族補充蔬果不便，餐後飲用一包養生飲，方便、快速、營養，持續飲用，由內而外，輕鬆調節生理機能。

包包分裝，方便飲用；嚴選三樣養生食材，解決蔬果不足的問題；100％植物萃取，全素配方；獨門淬取工法，保留食材營養；零負擔，複方養生更營養。

第三段：證明

食用色素未檢出：

由SGS第三方檢驗合格，無添加任何食用色素。

總多酚含量1713mg/L：

富含三種植物多酚，全素可食。長期飲用，有助於調節生理機能，促進新陳代謝，輕鬆補給好元氣。

第四段：促動

團購組買五送一

常溫禮盒（七入）買五盒送一盒，團購超值組NT$4,720（原價6,480）

對電商文案的架構是不是更有概念了呢？只要按順序寫出「開場、說服、證明、促動」，抓住每段架構文字的邏輯與脈動，就能完成一篇既吸睛又吸金的完美電商文案了。

電商文案的四段式架構，只是提供各位一個參考或提醒，並非所有電商文案都得這樣寫，例如「JCB」卡促銷活動「京都之櫻」就寫得很不一樣：

案例 「JCB」卡促銷活動「京都之櫻」

第一段：開場

好漂亮啊！京都之櫻

再訪京都！我被有名的退藏院櫻花感動了！

「總算見到面了」。我看著滿開的櫻花，如此自言自語。你有聽到嗎？櫻花的粉紅將春天更添一層色彩，彷彿像是害羞一樣呢。這次我為了賞櫻而又來到了京都，而這裡則是有名的日本最大禪寺妙心寺的「退藏院」。這個庭園裡盛開的「枝垂櫻」，以美麗而聞名。雖然日本全國各地都有賞櫻景點，但是我最喜歡的就是這裡

了。櫻花的種類有很多，「枝垂櫻」的花會像是包圍著櫻樹般垂下來，美不勝收，宛如櫻花浴一般呢。我站在樹下仰望著櫻花，邊說「我特地來看你的呢」。純情的花兒好像微笑般地在風中搖曳著。

第二段：說服

雖然秋天的景色也很美，但是春天的京都更是Kireidosuna！

這是我第二次來到「退藏院」。上次是在秋天時，來這裡進行我的失戀之旅（詳情請看我的部落格「美的京都」！）。當時我在回程中經過了JCB京都貴賓服務中心，他們與我分享的「退藏院」的櫻花照片真的是太美了（詳情請看我的部落格「JCB京都貴賓服務中心」！），於是我這次便慕名而來。照片雖美，但還是不敵眼見為憑啊。當我踏進庭院的剎那，我的視線立刻就被「枝垂櫻」所吸引了。希望大家也可以親自來一睹美景，一定會被感動的。賞櫻時期是四月上旬到中旬左右。晚間則有燈光照射，更加壯觀喔。我問了寺裡的和尚如何以京都方言來說「好漂亮啊」，而他說是「Kireidosuna」！大家趕快來試試看！

吃著可愛的京都便當，享受「御花見」！

日本人有個習慣，就是每到春天時都會聚集在櫻樹下，邊賞櫻邊野餐飲酒作樂呢。這，就是所謂的「御花見」（ohanami）。說到這裡，我當然也想試試看啦！我到了有一百年以上歷史的京料理名店「辻留」買了便當，坐在貫穿京都鴨川河畔的櫻樹下「御花見」呢！哈哈哈。看看這個便當，真的是Kireidosuna！我這樣說對吧？！便當上撒有櫻花的花瓣，其實是用薑做成的喔！很可愛吧。日本的傳統料理真的做得很漂亮呢，都捨不得吃了。話雖如此，結果我還是全部吃光光了。哈哈哈。這時候，我不經意地抬頭，那彷彿微笑一般綻放著的花兒，似乎與「她」的臉重疊了呢……如果當時我可以老實地將「Kireidosuna」這句話說出口就好了……。

來京都國立博物館感受京都之「美」！

其實我這次來京都，還有另外一個目的，就是造訪京都國立博物館的「平成知新館」。大家都知道我是很有藝術天份的。我在北海道的雪祭時所做的雪像也大受好評呢！如果你想看我的作品，請看我的部落格「札幌雪祭」！言歸正傳，平成知新館展示著由京都一千兩百年的歷史所薰陶出來的雕刻以及繪畫，感覺可以直接碰觸到真正的京都之「美」呢。更令我感動的，是那壯觀的建築物。白天，陽光透過格

子狀窗戶，灑落在寬廣的大廳，一到夜晚則有著日本家屋的紙門般的感覺，真的是Kireidosuna！眼前的淺池的倒映也非常的美麗，難怪會吸引這麼多的外國旅客。在好奇心的驅使下我探頭望了望池子，突然被一位型男嚇了一跳。……原來是我啊！

第三段：促動

為了傳遞這份感動，而再次來到這裡。

好好享受京都之後，我帶著三色丸子來到了位於JR京都站的「JCB京都貴賓服務中心」。我想見見第一次告訴我京都之美的那位有著可愛笑容的「她」，以及謝謝與我分享退藏院的枝垂櫻之美的男性員工呢。染成粉紅色的枝垂櫻、豪華的便當、連建築物本身都是個藝術品的京都國立博物館等等，每個體驗都非常的Kireidosuna～。為了想要趕快和他們分享這份感動，我快馬加鞭地趕到「JCB京都貴賓服務中心」……。什麼？兩個人都休假？不會吧。枉費我拼命練習了「Kireidosuna～」竟然不能派上用場！這與我預想的完全不同啊！這叫人情何以堪，眼淚都要流出來了。好，沒關係。我要參加抽獎！把眼淚擦乾，遞出JCB卡的簽單。這次，我一定要中！

JCB特別優惠

至2018年6月30日止，「JCB京都貴賓服務中心」舉辦抽獎活動。活動期間內，凡於日本國內商店使用JCB卡消費，累積消費滿20,000日圓（含稅），即可持JCB卡及該卡簽單至JCB京都貴賓服務中心參加抽獎。獎品包括可於日本國內各大型賣場、百貨公司皆使用的禮券，以及其他精美禮品哦。

若要拆解它的文案構成，大概就只有「開場」、「説服」和「促動」三大段落。特別有趣的是，整篇文章其實是以一個扭蛋公仔人型——「部落格先生」的主觀視角，對大家發文訴説旅遊京都的心得與感想。除了文案，每一張風景或美食照前還擺上扭蛋公仔小人「部落格先生」在一旁。雖是扭蛋公仔，但整篇文章看起來很有人味，也很吸引人。若想寫出很有特色與風格的電商文案，不妨參考看看。

如果各位對「部落格先生」所寫的廣告文案有興趣，可以前往官網「Hello Japan」看看，相信一定可以為各位帶來很大的幫助。

案例 「小米」米家自動摺疊傘

第一段：開場

米家自動折疊傘

一鍵開合，愛上每個下雨的日子

防潑水傘布／高效遮陽防曬

一鍵自動開合／安全防反彈結構

NT$495

第二段：說服

說服1

福懋超強防潑水傘布

大雨中，也能輕盈防水

定製台灣FONEWR超潑水傘布，超輕210T高密度，結實輕巧，經久耐用。傘布防水性能高達5級，大雨過後，輕輕抖動雨傘，輕鬆將傘表面的雨水抖落乾淨，更全面

防水防滲透，清清爽爽。

＊以上實驗數據來自SGS實驗室。潑水度判級分為0-5級，分數越高耐水性越好，5級標準為測試樣品表面沒有濕潤，在表面未沾有小水珠。

說服2

高效遮陽防曬

炙熱的不再是陽光，只有目光

UVoutex FABRICS塗層具有高染色堅牢度及高強力等特色，遮光度高，優越遮蔽性以及隔熱性，能有效阻隔對人體有害的紫外線，確實達到紫外線防護效果。即使大太陽底下，也能感覺到舒適無負擔。

說服3

一鍵安全自動開合

單手操控，輕鬆搞定

只需輕輕一按開關，一秒輕鬆開&合，解放雨天雙手繁瑣的操作，流暢自如，出入室內，告別下雨天濕漉漉的狼狽。

說服4

天生好骨，持久耐用

傘骨使用鋁和玻纖材質，具有非常好的材質彈性的同時重量又十分輕巧，不易折斷與生鏽。傘中棒材質精選優質鋼材，不易彎曲。電著工藝更使其耐摩擦，耐腐蝕，可以長久使用。

說服5

安全防反彈結構

貼心的安全鎖裝置，防止收傘過程中出現反彈，安全實用，不用再為反覆收不了傘而煩惱。中棒部分選用了兼顧強度與韌性的鐵SPCC41材質，為你的安全設想周到。

說服6

安全美觀，隱藏式傘珠

我們創新的將傘珠放置於雨傘布內，不僅提高了雨傘的安全性，還讓雨傘更具優雅的氣質。

說服7

舒適貼心，方圓結合自動傘柄

上圓下方，每個弧度經過反覆考量設計，為了更加舒適貼心，整個傘柄都採用了噴塗毛絨漆，模具精度高達0.05mm，最終打磨成型，使傘柄手感細膩，愛不釋手。

說服8

強韌升級，無懼狂風暴雨

抗風結構設計，加強傘骨。在每一處細節加固加厚，優質的5182鋁合金＋玻纖，使得整個傘骨強度更高、韌性更好，無畏狂風暴雨，守護你傘底下的世界。

說服9

只需三步，簡單使用

按下自動開關，打開雨傘

再次按下自動開關，閉合雨傘

兩手向內按壓，按到底並聽到「咔噠」的一聲，即可完成收傘。

第三段：證明

精工細作，質感出眾

在你們看不見的地方，我們加倍細緻地做好每一處；雨傘經過1000次的開合測試，層層嚴謹把控，保證了每一把雨傘的工藝與質量。

第四段：促動

全館滿800免運

小米的「米家自動摺疊傘」也是一篇文字細膩、深具說服力與促購力的電商文案，相當值得學習與模仿。和市面上販售的雨傘相較，除了四段式的架構十分縝密外，文案也將許多消費者可能未曾注意到的產品細節，都寫進裡頭，讓人認為產品很講究、很細膩、很用心，甚至讓消費者感受到每一個小設計都是為他們而設想，不但增強消費者對產品的信心，同時排除消費者對大陸製品的品質疑慮，加上產品價格平易近人，很快地就在上架後，吸引消費者目光，成為該網站的熱銷商品之一。

最後提醒大家，電商產品文案的目的，不是追求文句的華麗與趣味，而是要用「最容易理解的方式」傳達產品的好處與解決問題的能力。消費者要瞭解的是產品，不是文字巧思或創意，用字盡量簡單扼要，讓人一看就懂，不要使用複雜的形容或諧音、雙關語。

此外，電商文案還有一個很重要的元素，就是「圖片」。好文搭好圖很重要，每一個產品特色或功能說明配上一張正確的圖，效果就會很不一樣。

讓電商文案成功的秘訣就是「好圖」加「細節」。

Note

8

社群發文緊抓e世代

近年只要提到社群，相信許多人腦中浮現的關鍵字不外乎臉書、Line、微信、微博、推特、Instagram和Snapchat等，各方勢力此消彼長。其中，臉書可以說是目前為止，台灣民眾——尤其微型電商或網路賣家的最愛。至二〇一七年，全台灣已有超過一千七百萬的臉書帳戶，不論全球性品牌、中小企業或者小型店家、個人網拍，紛紛投入社群平台建立「粉絲專頁」，希望透過「臉書行銷」增加銷售業績。

前面教大家的平面廣告標題技巧，大家是不是又躍躍欲試地想在臉書或社群網站上使用了呢？

不，千萬不要！

儘管都是下標題，但因為媒體屬性不同，**平面廣告上的標題未必適合運用在臉書上**。要知道，網友瀏覽一個網站頁面的時間，平均不到三秒鐘，加上網友滑動手機或移動滑鼠的速度通常很快，因此臉書的標題更不能像平面廣告標題那樣拐彎抹角、欲言又止。

簡單的說，讓人想很久的標題，都不適合放在數位網路平台上！

以下為各位介紹十一種**針對網路特性的標題技巧**，無論是網路廣告橫幅（banner）或是臉書行銷發文，只要運用得宜，必能發揮強大的吸睛效果：

11種針對網路特性的標題技巧

一、將「免費」兩字放進標題

第五章教過大家，在標題中放入「免費」或「零元送」等字眼，通常能達成強而有力的吸睛效果，進而提升點閱率及延長駐足瀏覽網站的時間。例如：「這台免費送！」「數量有限，免費索取！」在「立即索取」旁只要加上點擊連結，通常就能因此獲得很高的點擊率，吸引消費者前往了解。

即使產品有優惠價格，若再強調「免費」贈品，效果會比單獨優惠價來得強。例如「楊桃美食網」在銷售鍋具組合時，刻意強調贈品食譜書「是送的」：

- 「這本書是送的！」時尚鈦石玉子燒鍋組合價1,399

另外像是「免費體驗」的字眼，也是補習班、健身中心常用的有效標題：

- 全民學美語，一千兩百堂熱門課程，免費體驗！（全民英語）
- 7DAYS免費體驗（健身工廠）

二、用抽獎或好康當主標題

有獎可抽、有折扣優惠、有好康可拿，也是快速提高點閱率的絕招之一。在畫面上最好能擺上明顯的獎品照片，效果會更明顯。例如：

- 高鐵會員戳戳樂，萬張半價票天天送（台灣高鐵）
- 攝影大賽豪禮大方送，上傳照片送你ZenFone 4薄荷綠！（「華碩」ZenFone手機）
- 泰式酸辣雞腿堡，買一個送一個（摩斯漢堡）

三、提出有利於粉絲的情報或服務

在標題中提供有利於粉絲的情報或服務，這些情報或服務若與粉絲或網友自身利益有關，或是他們感到有興趣的話題，通常可提升百分之七十五以上的點閱率。例如：

- 如何使用iTune製作鈴聲？（蘋果仁社團）
- Instagram美拍秘訣大公開！（香港逗陣行）
- 麻油不苦，雞肉嫩！麻油雞秘訣？（楊桃美食網）
- 夾鏈袋用錯，秒變細菌溫床！保溫三訣竅，免吃進細菌！（早安健康）

四、將產品利益轉化為消費者利益

產品可以帶給消費者什麼好處？這種標題不只是在網路，在一般平面或電視廣告中也是最能引起消費者注意的手法！但是記得要將「產品利益」清楚地轉化成「消費者的最終利益」（如何將產品利益轉化成消費者利益，請參考前面的章節），讓消費者知道。例如：

- 看見更美的自己！（「笛絲薇夢」醇養妍）
- 保持完美春天形象，滴雞精養身補氣色！（「金牌大師」滴雞精）
- 同時照亮2本書（「飛利浦」大視界晶彥LED檯燈）

五、具有催促行動的相關字眼

使用臨門一腳的催促語句，刺激粉絲行動，塑造「現在不買，以後沒得買」的急迫氛圍。消費者往往會因「限時」、「限量」、「即將結束」或「將銷售一空」等字眼，而造成一窩蜂跟進（搶購）行為。例如：

- 深法經典組合，最後十組！（深夜裡的法國手工甜點）
- 今天最後一天！把握時間兌換滿額禮：九陽迷你電蒸鍋！（九陽）

- 投資美元相對安全，現在是進場好時機！（雅虎奇摩理財）
- 營養糙米穀片，限時特賣3件699，只到今天！（健康嚴選）

六、針對大家關心或擔心的問題提出問句，或提問後給答案

人們面對擔憂或疑問時，多半會下意識地想找答案。如果提問的內容又是與大眾相關，便會急迫地想知道解決方式是什麼。消費者或粉絲有時較沒耐性，也可以直接把答案寫在標題上面，會更快吸引點閱，提升瀏覽率。例如：

- 晚上睡不著、白天起不來？這食物幫助調整賀爾蒙更好睡（早安健康）
- 如何請陪產假呢？（勞工保險局）
- 蜂蜜可以加熱嗎？（台灣好農）
- 加油不能說fighting？（希平方）

七、明確提出成效，或展現實績

服務或產品帶給消費者的成果是什麼？直接讓他們看見！或者，讓消費者知道你的服務或產品備受肯定、獲得殊榮或成績不斐，不要客氣地將榮耀展示出來。使用數字可以在

短時間內取得信任。但，如同前面說過的，數字絕不能造假。例如：

- 英語全到位只要30天（TutorABC）
- 我55歲，只花了3個月，多益就進步到765分（希平方）
- Tomamu北海道，十二月全數滿房！（Club Med）
- 賀！台北捷運及兒童新樂園，雙雙榮獲壹週刊第十四屆《服務第壹大獎》「大眾運輸類」及「主題樂園類」（台北捷運）

八、有故事的標題

人人都有好奇心。運用略帶懸疑，引發好奇的標題，反而讓人想一探究竟。不過，這種標題最好能讓人看到標題就產生「為什麼？」的強烈疑惑，且產生想馬上找出答案的意圖，效果才會明顯。例如：

- 倒吊的聖誕限定鐘（哈肯鋪手感烘焙）
- 腳尖食譜，用雙腳來體驗！（香港逗陣行）

九、以情感訴求的標題

每個人都有感性柔情的一面。情感訴求透過具有渲染力的文字，挑動人們的心緒、回憶或感動。句子中不一定要帶出產品，只要能扣得上關連，讓人認同即可。例如：

- 這次回家，陪陪爸媽（白蘭氏）
- 長不大的弟弟（全國電子）

十、提出有趣問題，徵求留言回答

社群發文最在意的就是互動。尤其臉書的演算法非常重視粉絲間的互動，只要互動率高，觸及率就能相對提升，產品的曝光程度也相對擴大。因此，如果標題有趣、好玩，即使沒有獎品或獎金，也能引起讀者注意並熱烈留言回答，也就能迅速提高觸及率。

- 告訴大家一個小秘密，只要在留言處輸入「么么噠」就會有神奇的事情發生喔～（波波黛莉）
- 手機鍵盤輸入ㄕㄊㄙㄉㄐㄖㄌㄌ看看會出現什麼字（小米）

《超準心理測驗，準到小編都起雞皮疙瘩啦》
直覺挑選吸引你的羽毛
看看在異性眼中你最吸引人的地方是……？（AIR SPACE PLUS）

十一、搭時事流行或新聞性話題

社會時事或有趣好玩的流行議題，通常可以快速引起大眾關注。不過，網路是個資訊消息傳播相當快的媒體，早上的話題很可能到下午就被替代，因此，要隨時注意話題的熱度。被炒熱的話題若與政治或宗教等敏感議題有關，則要小心運用，免得遭受負面評論；但用得高明反能博得滿堂彩，留下印象。

例如「故宮精品」粉絲團就將當下年輕人流行的口頭禪「你有free style嗎？」或用語「seafood」巧妙地放到標題裡，而引起高度注意，也因此獲得超乎預期的按讚數：

夫子把所有的Freestyle
都放在他的小本本裡了！（「故宮精品」「論語」書型便條紙盒）

有人拜seafood，我們拜師表。（「故宮精品」國立故宮博物院〈萬世師表——書畫中的孔子〉展覽）

另外，台灣近來空氣汙染嚴重，「小米」和「漢神百貨網路購物」不約而同地宣傳相關產品：

別怕，我這不是來了嗎！（「小米」空氣淨化器）

你終究要看清愛情的
那為什麼不一開始就清楚（「Honeywell」抗敏系列空氣清淨機）

由於網路具有「立即傳播」、「迅速擴散」與「瞬息萬變」的特性，因此，想讓臉書貼文不被其他貼文淹沒，除了要能隨時掌握社會動態，隨機應變撰寫新文、發布消息外，與消費者保持良善互動、建立長久信賴及品牌形象溝通維護等工作，才是社群網站發文的最重要任務。至於銷售產品的工作，就交給其他形式的廣告吧！

後記

文案不難，難在動筆去寫。

這本書是作者取材任職廣告公司時，內部員工教育訓練所使用的眾多教材、親身實戰的作品案例以及對外開班授課使用的講義，重新編寫而成，可以說是很紮實且實用的紙上文案課。

只是，和實際上課比較，無法與讀者做立即的互動與討論，著實有些遺憾。

很多學員在上課時，因為「被迫」上台實際練習，而獲得深刻的經驗。這個經驗雖不能讓他們的文案功力一步登天，卻能讓他們確切認知，腦袋瓜裡想的和寫出來的，其實會有落差。發現有落差，就會想知道問題出在哪裡，找到問題才知道怎麼修正，這也正是練好文案的必經之路。

文案不難，只要各位願意動筆去寫。所以作者希望各位讀者在上完本書的紙上八堂文案課之後，試著按照書上的技巧去寫。動筆寫寫看，寫多了，寫久了，自然知道怎麼寫，進而寫出好文案。

囧 老闆要我寫文案

快速交件不NG的文案懶人包

作　　者　那口井
插　　圖　呸囉呸囉
責任編輯　林懿婷
美術設計　洪瑄憶
主　　編　陳曉玉

出 版 者　FUN學創意生活廣場
讀者服務　sharer@sharing.com.tw
電子商務　http://www.sharing.com.tw
總 經 理　毛基正
副總編輯　林靜妙　　副總經理　許承先

總 經 銷　新學林出版股份有限公司
門市地址　台北市和平東路三段38號4樓
台北市和平東路三段38號4樓之1（門市、業務部）
團購專線　(02) 27001808 分機 18
傳　　真　(02) 23779080
郵撥帳號　19889774 新學林出版股份有限公司
購書未滿1000元加收郵資70元

法律顧問　懿品騰達律師事務所　鍾亞達 律師

一版一刷　2018年7月

定價：330　ISBN：978-986-295-846-9　

國家圖書館出版品預行編目(CIP)資料

囧 老闆要我寫文案：快速交件不NG的文案懶人包 / 那口井編著. -- 一版. -- 臺北市：新學林, 2018.07
面；　公分
ISBN 978-986-295-846-9(平裝)

1.廣告文案 2.廣告寫作

497.5　　107009174

在學習之中發掘樂趣

在閱讀之中獲得力量

FUN學